工业和信息化部"十四五"规划教材

高等职业院校精品教材系列

U0290664

智能制造装备电气传动控制系统安装与调试

主　编　张　斌

副主编　盛维涛

电子工业出版社

Publishing House of Electronics Industry

北京·BEIJING

内 容 简 介

本书从智能制造行业的应用和便于教学的角度出发，介绍了用于典型智能制造装备数控机床的直流电动机及直流调速器、三相交流异步感应电动机及变频器、步进电动机及步进驱动器、伺服电动机及伺服驱动器等各种电动机和驱动器的结构组成、工作原理，以及由这些电动机和驱动器构成的数控机床的各种主轴驱动、进给驱动的控制系统和用于数控机床的直线电动机、电主轴、电滚珠丝杠等新型传动技术，同时通过典型案例介绍了在数控技术领域使用广泛的西门子数控系统的 SIMODRIVE 611、SINAMICS S120 专用伺服驱动系统，以及发那科数控系统的 αi、βi 专用伺服驱动系统等。

本书为高等职业院校相应课程的教材，也可作为开放大学、成人教育、自学考试、中职学校及培训班的教材，以及工程技术人员的参考书。

本书配有免费的电子教学课件、习题参考答案、CAD 原图等资源，详见前言。

图书在版编目（CIP）数据

智能制造装备电气传动控制系统安装与调试 / 张斌主编. —北京：电子工业出版社，2023.1
高等职业院校精品教材系列
ISBN 978-7-121-44902-4

Ⅰ. ①智… Ⅱ. ①张… Ⅲ. ①电力传动－自动控制系统－安装－高等职业教育－教材②电力传动－自动控制系统－调试方法－高等职业教育－教材 Ⅳ. ①TM921.5

中国国家版本馆 CIP 数据核字（2023）第 015033 号

责任编辑：陈健德（E-mail:chenjd@phei.com.cn）
特约编辑：田学清
印　　刷：涿州市般润文化传播有限公司
装　　订：涿州市般润文化传播有限公司
出版发行：电子工业出版社
　　　　　北京市海淀区万寿路 173 信箱　邮编　100036
开　　本：787×1 092　1/16　印张：11　字数：281.6 千字
版　　次：2023 年 1 月第 1 版
印　　次：2024 年 12 月第 2 次印刷
定　　价：45.00 元

前　言

　　我国正在由制造大国向制造强国迈进，智能制造装备是实现智能制造的核心载体，是高端装备制造业的方向之一。智能制造装备指具有感知、分析、推理、决策、控制功能的制造装备，是先进的制造技术、信息技术和智能技术的集成和深度融合。数控机床是高端智能制造装备的基础，是典型的智能制造装备，数控机床、工业机器人等智能制造装备中的电气传动控制系统是智能制造装备的重要组成部分。随着高端智能制造装备的不断推进，数控设备、工业机器人在实际的工程项目中的应用越来越广泛，智能制造装备电气传动控制系统的应用设计、维修服务、安装调试等方面的人才缺乏，国家需要培养大批在智能制造领域的高素质技术人才。

　　本书以数控机床为载体，讲述了智能制造装备的各种驱动电动机、驱动器的工作原理，以及电气传动控制系统应用案例，共 10 个项目。首先介绍了数控机床自动控制系统的结构组成；然后按照构成数控机床的必不可少的主轴驱动和进给驱动两个部分，逐一讲解了数控机床主轴驱动的控制要求、配置方案，用于直流主轴的直流电动机及直流调速器的工作原理、典型案例，用于变频主轴的三相交流异步感应电动机及变频器的工作原理、典型案例，数控机床进给驱动的控制要求、配置方案，用于开环进给伺服系统的步进电动机及步进驱动器的工作原理、典型案例，用于半闭环和全闭环进给伺服系统的伺服电动机及伺服驱动器的工作原理、典型案例，西门子数控系统的 SIMODRIVE 611、SINAMICS S120 专用伺服驱动系统，发那科数控系统的 αi、βi 专用伺服驱动系统；最后介绍了用于数控机床的直线电动机、电主轴、电滚珠丝杠等新型传动技术。

　　本着理论够用，突出实践操作，力求体现职业教育的性质及培养目标，以项目组织安排教学的原则，本书的每一个项目先讲解了相关的基础知识，列举了大量的工程应用案例，再按工程实际应用，安排了相应的实践操作训练内容，可以满足项目学习、案例学习、模块化学习等不同的学习要求。各项目教学的学时安排建议如下（各校可根据实际专业背景和实践环境对学时进行适当调整）：

项目	项目 1	项目 2	项目 3	项目 4	项目 5	项目 6	项目 7	项目 8	项目 9	项目 10	总计
学时	4	4	16	16	4	8	16	6	4	2	80

　　各相关项目的讲授顺序和内容叙述，体现了作者教学的思路，融入了作者在工程实践中的经验。在使用本书的过程中，各学校可以根据该思路，结合不同专业的具体培养目标，以及本学校的具体设备，对实训内容和学时做适当的调整。建议智能制造装备技术、数控技术等涉及数控机床的相关专业可以按本书顺序讲授全部内容，电气自动化技术、工业机器人技术、机电一体化技术等专业可以直接讲授项目 3、项目 4、项目 6、项目 7 的内容，其余部分作为学生的拓展阅读材料。

　　为落实知行合一、德技兼修的课程要求，编者介绍了几位身边的行业榜样和四川工匠的典型事迹，以激发学生对专业的热爱。

　　本书由四川工程职业技术学院张斌任主编、盛维涛任副主编。编写分工为：项目 1～2、项目 5 由张斌编写，项目 3 由秦敏、盛维涛编写，项目 4 由罗华富、王舒华编写，项目 6 由盛磊、冯华勇编写，项目 7 由曾颖峰、卢品岐编写，项目 8 由初宏伟、盛维涛编写，项目 9 由冯华勇、谭孝辉编写，项目 10 由卢品岐、盛维涛编写。全书由张斌统稿，由宋健进行主审。本书在编写过程中得到了四川工程职业技术学院电气信息工程系、智能制造产业学院和四川省装备制造业机器人应用技术工程实验室老师们的大力支持，在此表示感谢！

因作者编写水平有限，书中难免有不足之处，恳请广大读者批评指正，提出宝贵意见。

为了方便教师教学，本书配有免费的电子教学课件、习题参考答案、CAD 原图等资源，有此需要的教师可登录华信教育资源网（http://www.hxedu.com.cn）免费注册后下载，有问题可在网站留言或与电子工业出版社（E-mail:hxedu@phei.com.cn）联系。

编　者

 扫一扫下载全书教学课件

 扫一扫下载全书思考与练习题参考答案

 扫一扫下载全书 CAD 原图

目 录

项目 1

数控机床自动控制系统的结构组成认识

学习任务	1. 根据绘制一般控制系统的结构组成框图的思路，理清数控机床自动控制系统实现的目标、被控对象、被控变量，绘制出数控机床自动控制系统的结构组成框图，各组成单元之间的相互关系； 2. 学习数控机床自动控制系统的类型
学前准备	查阅资料，了解数控机床的结构组成
学习目标	1. 掌握数控机床自动控制系统的结构组成； 2. 了解数控机床自动控制系统的类型

扫一扫看
项目1教
学课件

扫一扫学习行业榜
样——中华技能大
奖获得者何波

1.1 数控机床自动控制系统的结构组成框图

数控机床自动控制系统的目的是加工零件，它的被控对象是工件和刀具，数控装置发出命令，通过驱动器分别驱动各运动轴的电动机旋转，这些轴有的带动工作台，有的带动刀具，通过一个或多个坐标轴的综合联动，使刀具相对于工件产生各种复杂的机械运动，加工出各种形状的零件。该控制系统的被控变量是移动部件的位置和速度。

整个数控机床包括主轴驱动系统，进给伺服系统，刀架、冷却、润滑、排屑等辅助控制系统，加工中心的刀库等。图 1.1 所示为数控铣床自动控制系统的结构组成框图。主轴带动刀具旋转，它固定在 Z 轴上，由 Z 轴带动上下移动；工件固定在工作台上，由 X、Y 轴带动工作台在 X、Y 平面移动。

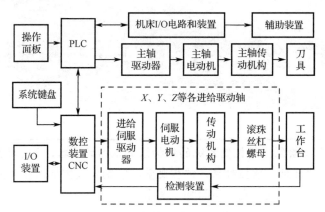

图 1.1　数控铣床自动控制系统的结构组成框图

思考：仿照图 1.1，画出数控车床自动控制系统的结构组成框图。

1.2 数控机床的进给伺服系统

在自动控制系统中，使输出量能够以一定准确度跟随输入量的变化而变化的系统称为随动系统，也称为伺服系统。在数控机床中，工作台移动的位置能以一定速度跟随指令的变化而变化，是一个伺服系统。数控机床的进给伺服系统是以机床移动部件的位置和速度作为控制量的自动控制系统。

数控机床的进给伺服系统的结构组成如图 1.2 所示。它是一个位置、速度双闭环系统，内环是速度环，外环是位置环。

速度环由速度调节器、电流调节器、功率放大器及用于速度检测的测速发电机或脉冲编码器等组成。它的输入信号有两个：一个是位置环的输出，作为速度环的指令信号发送给速度控制单元；另一个是电动机转速检测装置测得的速度信号，作为负反馈发送给速度控制单元。

位置环由 CNC 装置中的位置控制单元、速度控制单元、位置检测装置等组成，它的输入信号是计算机给出的指令信号和位置检测装置反馈的位置信号。位置环主要对机床运动坐标轴进行控制。轴的控制是精度要求很高的位置控制，不仅对单个轴的运动速度和位置

精度的控制有严格要求，而且在多轴联动时，还要求各移动轴有很多的动态配合，才能保证加工效率、加工精度和表面粗糙度。

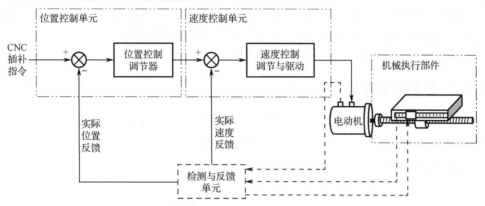

图1.2　数控机床的进给伺服系统的结构组成

数控机床的进给伺服系统是数控装置和机床机械传动部件间的联系环节，是数控机床系统的执行部分。它包含机械、电动机及驱动器等部件，并涉及强电与弱电的控制，是一个复杂的控制系统。伺服系统的动态和静态性能决定了数控机床的最高运动速度、跟踪及定位精度、加工表面质量、生产效率及工作可靠性等技术指标。

1.3　数控机床的主轴驱动系统

数控机床的进给伺服系统主要控制工作台沿各坐标轴的运动，数控机床上还有另一类运动，主要控制刀具的旋转（如数控铣床、加工中心）或工件的旋转（如数控车床），这是数控机床的主轴驱动系统。一般来说，主轴只是一个速度控制系统，它只需要满足主轴调速及正反转功能即可，无须丝杠或其他直线运动装置。

当要求数控机床有螺纹加工功能、准停定位功能和恒线速加工功能时，对主轴会提出相应的位置控制要求，这时主轴驱动系统也可称为主轴伺服系统，只是位置控制性能比进给伺服系统低得多。

1.4　数控机床的辅助控制系统

数控机床除了必需的主轴驱动系统和进给伺服系统，不同的机床根据控制需要还有冷却、润滑、排屑等辅助控制系统，如数控车床有刀架控制系统，加工中心有刀库和机械手换刀控制系统。

1.5　伺服系统的分类

1.5.1　按照在数控机床上的作用分类

按照在数控机床上的作用分类，伺服系统可分为进给伺服系统和主轴伺服系统。进给伺服系统是指一般概念的伺服系统,包括速度环和位置环,完成数控机床各坐标轴的进给运动,具有定位和轮廓跟踪功能,是数控机床中要求最高的伺服控制;主轴伺服系统一般只是一个速度控制系统,通常只完成速度的调节控制,只在 C 轴控制、Cs 轮廓控制等特殊主轴功能时与进给伺服系统一样,为一般概念的位置伺服控制系统。

一般说到数控机床伺服系统,通常是指进给伺服系统。

1.5.2 按照调节理论分类

按照调节理论分类,一般根据伺服系统有无反馈检测装置及检测信号点的不同,伺服系统可分为开环伺服系统、闭环伺服系统和半闭环伺服系统。

1. 开环伺服系统

开环伺服系统的结构组成如图 1.3 所示。开环伺服系统没有检测装置,主要由功率步进电动机驱动滚珠丝杠螺母副的运动。它将接收到的数字脉冲转换为角度位移,不用位置检测元件而是靠驱动装置本身实现精确定位,转过的角度正比于指令脉冲的数量,转速的大小取决于脉冲的频率。

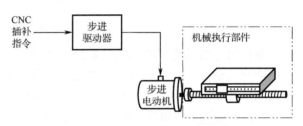

图 1.3　开环伺服系统的结构组成

开环伺服系统结构简单,工作稳定,调试方便,成本很低。但由于开环伺服系统不对移动部件的实际位置进行检测,也不能对误差进行校正,所以步进电动机的失步、步距角的误差、传动链的齿轮与丝杠等的传动误差都将影响被加工零件的精度。开环伺服系统仅适用于对加工精度要求不高、驱动力矩不大的简易经济型数控机床。

2. 闭环伺服系统

闭环伺服系统的结构组成如图 1.4 所示,它用光栅尺、感应同步器或旋转变压器等位置检测装置检测机床移动部件的实际位移,反馈给 CNC 与指令进行比较,得到的差值经过放大和变换,驱动工作台向减少误差的方向移动,直到差值等于零为止。这类系统检测了最终的被控变量,所以被称为闭环伺服系统。

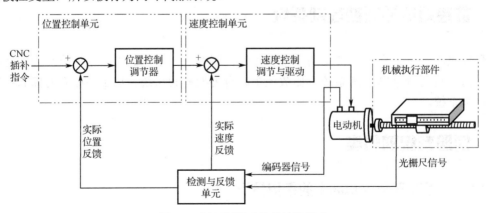

图 1.4　闭环伺服系统的结构组成

从理论上讲，闭环伺服系统可以消除整个驱动和传动环节的误差，具有很高的位置控制精度。系统精度只取决于检测装置的精度，与传动元件的制造精度无关，但实际上对传动链和机床结构仍有严格要求。位置环内的许多机械传动环节的摩擦特性、刚性和间隙都是非线性的，容易造成闭环伺服系统的不稳定，使闭环伺服系统的设计、安装和调试都相当困难。闭环伺服系统主要适用于对精度要求很高的镗铣床、超精车床、超精磨床及较大型的数控机床等。

3. 半闭环伺服系统

半闭环伺服系统的结构组成如图1.5所示，位置检测元件不直接安装在最终的运动部件上，而是在伺服电动机的轴或数控机床传动丝杠上安装角度检测装置，通过丝杠的转角间接地检测移动部件的最终位置，这类系统不能检测到滚珠丝杠螺母副及工作台的误差，所以被称为半闭环伺服系统。

半闭环伺服系统不包括机械的非线性因素，可以获得比较稳定的控制特性，但是传动链的误差不能得到检测，因此该系统的精度低于闭环伺服系统的精度。但半闭环伺服系统由于采用了高分辨率的测量元件（一般是采用编码器），可以通过参数对反向间隙和螺距误差进行补偿，获得比较满意的精度，所以在数控机床中得到了广泛应用。

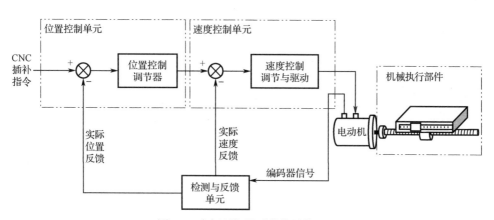

图1.5 半闭环伺服系统的结构组成

1.5.3 按照驱动元件分类

按照驱动元件分类，伺服系统可分为电液伺服系统和电气伺服系统。

1. 电液伺服系统

使用电液脉冲马达和电液伺服马达，在低速下可以得到很高的输出力矩，刚性好，时间常数小、反应快和速度平稳，但电液伺服系统需要供油系统，体积大，存在噪声大、漏油等问题。

2. 电气伺服系统

根据使用的电动机的不同，电气伺服系统可分为步进伺服系统、直流伺服系统和交流伺服系统，操作维护方便，可靠性高。

1.5.4　按照反馈比较的控制方式分类

按照反馈比较的控制方式分类，伺服系统可分为数字脉冲比较伺服系统、相位比较伺服系统和幅值比较伺服系统。

思考与练习题 1

扫一扫看思考与练习题1参考答案

1．绘制数控车床自动控制系统的结构组成框图。

2．讨论数控机床主轴与进给驱动在数控机床上分别起什么作用，各自有什么特点。

3．数控机床的进给伺服系统是一个＿＿＿＿＿＿＿、＿＿＿＿＿＿＿双闭环的结构，内环是＿＿＿＿＿＿＿，外环是＿＿＿＿＿＿＿＿＿。

4．比较数控机床的开环伺服系统、闭环伺服系统、半闭环伺服系统各自的特点及应用场合。

实训任务 1　绘制数控机床自动控制系统的结构组成框图

1．实训目的

（1）了解数控机床自动控制系统有哪些组成部分。

（2）能绘制数控机床自动控制系统的结构组成框图。

2．任务说明

根据车间具体的数控机床，将组成数控机床自动控制系统的各部件名称填入表 1.1 中，并画出整体的结构组成框图。

3．认识现场的数控机床自动控制系统各组成部件

将数控机床自动控制系统各组成部件填入表 1.1 中。

表 1.1　数控机床自动控制系统组成部件

数控机床的组成部分	控制系统的组成部分	部 件 名 称	型 号 规 格
主轴驱动系统	驱动器		
	驱动电动机		
	被控对象		
	反馈检测装置		
进给伺服系统	驱动器		
	驱动电动机		
	被控对象		
	反馈检测装置		

续表

数控机床的组成部分		控制系统的组成部分	部 件 名 称	型 号 规 格
辅助控制系统	刀架控制系统			
	冷却系统			
	润滑系统			
	排屑系统			
	其他辅助装置			

4. 绘制该数控机床自动控制系统的结构组成框图

项目 2

数控机床主轴驱动系统的结构组成认识

学习任务	1. 根据主轴的运动特点及需要实现的功能,学习数控机床对主轴驱动系统的要求; 2. 学习数控机床主轴的传动结构; 3. 为满足不同控制要求,学习数控机床主轴的配置方案及各自的应用场合
学前准备	1. 查阅资料,了解数控机床的主轴功能; 2. 查阅资料,了解数控机床主轴的传动结构; 3. 查阅资料,了解数控机床主轴的不同配置方案
学习目标	1. 了解数控机床对主轴驱动系统的要求; 2. 了解数控机床主轴的传动结构; 3. 掌握数控机床主轴的配置方案及各自的应用场合

数控机床主轴是机床必不可少的组成部分,主轴驱动主要为加工零件提供切削力,带动工件或刀具旋转。数控机床主轴主要控制主轴的旋转方向和旋转速度,在特殊需要时,有位置控制的要求。

数控机床主轴运动通常是旋转运动,无须丝杠或其他直线运动装置,如数控车床的主轴主要控制卡盘上工件的旋转运动,数控铣床或加工中心的主轴主要控制刀具的旋转运动。

扫一扫看项目 2 教学课件

扫一扫学习行业榜样——首届"四川工匠"胡明华

2.1　数控机床对主轴驱动系统的要求

根据主轴运动的特点及在数控机床中的作用，数控机床对主轴驱动系统主要有以下几方面的要求。

1. 具有足够的功率

数控机床金属加工的切削力主要由主轴运动提供，所以要求主轴电动机具有足够的功率，以满足数控机床切削力的要求。一般情况下，数控机床上功率最大的电动机往往是主轴电动机。主轴电动机的功率范围一般为 2.2～250 kW。

2. 主轴有较宽的调速范围

主轴的运动通常是旋转运动，为满足不同加工工艺的要求，需要主轴能够在不同的速度下工作，这就要求主轴的速度控制系统具有较宽的调速范围。

3. 端面加工时配合进给实现恒线速度

利用车床和磨床进行工件端面加工时，为了保证工件端面加工时粗糙度的一致性，要求刀具切削的线速度为恒定值。

4. 主轴定向控制

所谓主轴定向控制，即命令运行中的主轴准确停在某一位置上，以便在该处进行换刀、检测等辅助工艺动作。

5. 加工螺纹时与进给实行同步控制

在车削中心上，为了使之具有螺纹车削功能，要求主轴与进给驱动实行同步控制，即主轴具有旋转进给轴（C 轴）的控制功能。

以上的各项控制要求，根据不同的数控机床需要实现的功能不同，并不要求全部满足。

2.2　数控机床主轴的传动结构

数控机床主轴的传动结构一般有以下几种形式。

1. 带有定比传动

带有定比传动的主轴结构如图 2.1 所示。主轴电动机经定比传动传递给主轴，定比传动采用齿轮传动或带传动。带传动主要应用于小型数控机床，可以避免齿轮传动的噪声与振动。

2. 带有二级齿轮变速

带有二级齿轮变速的主轴结构如图 2.2 所示。主轴电动机经过二级齿轮变速，使主轴获得低速和高速两种转速系列，这是大中型数控机床采用较多的一种配置方式。这种分段变速，再配合电气的无级调速，可以确保主轴低速时的大扭矩，满足数控机床对扭矩特性的要求。

滑移齿轮常用液压拨叉和电磁离合器来改变其位置。

图 2.1　带有定比传动的主轴结构

图 2.2　带有二级齿轮变速的主轴结构

3. 主轴电动机直接驱动

电动机与主轴用联轴器同轴连接。这种方式大大简化了主轴结构，有效提高了主轴刚度。但主轴输出扭矩小，电动机的发热对主轴精度影响大。

近年来出现了另外一种内装电动机主轴，即主轴与电动机转子合二为一，称为电主轴，电主轴结构如图 2.3 所示。电主轴的优点是减少机械传动结构，主轴部件结构更紧凑，质量轻，惯量小，可提高启动、停止的响应特性；缺点是热变形问题。

图 2.3　电主轴结构

2.3　数控机床主轴的配置方案

根据数控机床不同的控制要求，数控机床主轴可以有不同的配置方案。

2.3.1　机械调速方案

设备配置：普通三相异步电动机+齿轮变速箱，当需要加工螺纹时，需要配置主轴编码器。整个结构组成如图 2.4 所示。

图 2.4　三相异步电动机+齿轮变速箱

该方案控制简单，只需要数控系统的 PLC 控制主轴电动机的正转、反转，主轴电动机始终工作在额定转速，且输出力矩大，重切削能力强，满足粗加工和半精加工的要求。数控机床的调速通过齿轮换挡实现，只能实现有级调速，适合产品比较单一、对主轴速度没有太高要求的加工场合，不适合有色金属和需要频繁变换主轴速度的加工场合，工作过程中噪声比较大。

2.3.2 变频驱动方案

设备配置：变频器+三相异步电动机，当需要加工螺纹时，需要配置主轴编码器。整个结构组成如图 2.5 所示。

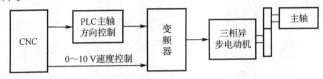

图 2.5　变频器+三相异步电动机

该方案通过数控系统给出 0～10 V 的速度控制信号，集成在数控系统内部的 PLC 给出方向信号，控制变频器工作，经过变频器的变频调速，可实现主轴连续调速。

根据选用的变频器性能可有下列三种情况。

1. 普通笼型异步电动机配简易型变频器

可实现主轴的无级调速，主轴电动机只有工作在 500 r/min 以上时才能有比较满意的力矩输出，否则，在低速工作时，特别容易出现车床堵转的情况。一般会采用两挡齿轮或皮带变速，但主轴仍然只能工作在中高速范围，调速范围受到较大限制。

该方案适合需要无级调速但对低速和高速都不要求的场合，大多选用国产的简易变频器，如数控钻铣床。

2. 普通笼型异步电动机配通用变频器

进口的通用变频器，除具有 $\dfrac{U}{f}$（电压/频率）的曲线调节，一般还具有反馈矢量控制功能，会对电动机的低速特性有所改善，配合两挡齿轮变速，基本可满足车床低速（100～200 r/min）小加工余量的加工要求，但同样受电动机最高速度的限制。该方案是目前经济型数控机床比较常用的主轴配置方案。

3. 专用变频电动机配专用变频器

一般具有反馈矢量控制功能，在低速甚至零速时都有较大的力矩输出，有些还具有定向甚至分度进给的功能。

中档数控机床主要采用该方案，主轴传动两挡变速甚至一挡即可实现转速在 100～200 r/min 时车、铣的重力切削。该方案若应用在加工中心上不理想，必须采用其他辅助机构完成定向换刀的功能，而且也不能达到刚性攻丝的要求。

2.3.3 直流驱动方案

设备配置：直流调速器+直流电动机，当需要加工螺纹时，需要配置主轴编码器。整个结构组成如图 2.6 所示。

图2.6 直流调速器+直流电动机

该方案通过数控系统给出 0～10 V 的速度控制信号，集成在数控系统内部的 PLC 给出方向信号，控制直流调速器工作，可实现无级调速。该方案充分利用直流电动机优良的调速性能，低速性能好，调速范围宽，启动力矩大，响应快。但由于直流电动机有机械换向机构，因此维护工作量较大，电动机结构复杂，价格较贵，因此该方案主要应用于大型数控机床，小型数控机床很少采用。

2.3.4 伺服驱动方案

设备配置：主轴伺服驱动器+主轴伺服电动机，整个结构组成如图2.7所示。

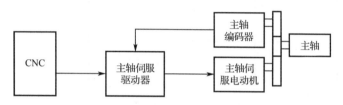

图2.7 主轴伺服驱动器+主轴伺服电动机

主轴伺服驱动系统具有调速范围宽、响应快、速度高、刚性强、过载能力强等特点，不仅可以实现速度连续可调，还可以实现主轴定向、刚性攻螺纹、Cs 轮廓控制、主轴定位等特殊功能。其价格高，通常是同功率变频器主轴驱动系统的 2～3 倍。主轴伺服驱动系统主要应用在加工中心上，用于满足系统自动换刀、刚性攻丝、主轴 C 轴进给功能等对主轴位置控制性能要求很高的加工要求。

思考与练习题2

扫一扫看思考与练习题2参考答案

1. 数控机床主轴主要做_____运动，金属加工的切削力主要由_____提供。
2. 数控机床对主轴驱动系统有哪些要求？
3. 数控机床主轴的传动结构主要有哪些形式？
4. 对比数控机床主轴的几种配置方案，将它们各自的特点及应用场合填入表2.1中。

表2.1 数控机床主轴的配置方案

配置方案	设备配置	特　点	应用场合
机械调速方案			

续表

配置方案	设备配置	特　点	应用场合
变频驱动方案			
直流驱动方案			
伺服驱动方案			

实训任务2　认识数控机床主轴驱动系统的结构组成

1．实训目的

（1）了解数控机床主轴的传动结构。

（2）掌握数控机床主轴驱动系统的结构组成。

（3）掌握数控机床主轴的配置方案及应用场合。

2．任务说明

根据现场具体的数控机床，完成下列任务。

（1）画出数控机床主轴的传动结构图。

（2）列出数控机床主轴的配置方案。

（3）画出数控机床主轴驱动的控制系统框图。

3．画出数控机床主轴的传动结构图

4．列出数控机床主轴的配置方案

5. 画出数控机床主轴驱动的控制系统框图

项目**3**

直流主轴电气控制系统安装与调试

学习任务	1. 学习调速系统的类型及性能指标； 2. 学习构成直流调速系统的直流电动机的结构组成、工作原理； 3. 学习晶闸管供电的直流调速系统的原理； 4. 学习直流调速器的应用
学前准备	1. 查阅资料，了解调速系统的应用； 2. 查阅资料，了解直流电动机的应用； 3. 查阅资料，了解直流调速系统的应用
学习目标	1. 了解调速系统的类型、性能指标； 2. 了解直流电动机的结构组成、工作原理、机械特性； 3. 掌握直流电动机的调速方法； 4. 了解晶闸管供电的直流调速系统的原理； 5. 掌握直流调速器的应用； 6. 了解数控机床直流主轴电气控制系统的应用案例

一般情况下，数控机床主轴只控制主轴的旋转方向和旋转速度。数控机床的直流主轴相当于一个直流调速系统。

 扫一扫看项目 3 教学课件

 扫一扫学习行业榜样——全国五一劳动奖章获得者盛维涛

3.1 调速系统

数控机床的主轴驱动系统主要涉及速度的控制。其实，在生产实践中，不仅数控机床需要进行速度控制，大量的生产机械也需要进行速度控制，以提高生产效率和保证产品的质量。要求具有速度调节（简称调速）功能的生产机械很多，如各种机床、轧钢机、起重运输设备、造纸机、纺织机械等。

3.1.1 调速的概念

一般生产机械主要是由电动机带动的，所以调速一般指在某一负载下，通过改变电动机或电源参数，来改变电动机的机械特性曲线，从而使电动机的转速发生变化或保持不变。也有的装置是由内燃机带动的，如汽车、机械钻机等。我们这里只讨论电动机的调速。

3.1.2 调速系统的类型

1. 按实现调速的方法分类

按实现调速的方法分类，调速系统可分为机械调速系统和电气调速系统。

（1）机械调速是指通过机械配合的方法来实现速度的调节。在用纯机械方法调速的设备中，驱动用电动机一般运行在固有机械特性的一个转速上，速度的调节是通过变速齿轮箱或几套变速皮带轮或其他变速机构来实现的。

（2）电气调速是指通过改变电动机的机械特性来改变电动机的转速。电气调速有许多优点，如可简化机械变速机构，提高传动效率，操作简单，易于获得无级调速，便于实现远距离控制和自动控制，因此在生产机械中广泛采用电气调速。

2. 按拖动电动机分类

按拖动电动机分类，调速系统可分为直流调速系统和交流调速系统。

（1）直流调速系统是由直流电动机拖动的调速系统。20世纪70年代以前，直流调速系统一直占主导地位。直流电动机具有良好的机械特性，能够在大范围内平滑调速，启动、制动性能良好。但换向器的存在使直流电动机的维护工作量加大，单机容量、最高转速及使用环境都受到限制。

（2）交流调速系统是由交流电动机拖动的调速系统。交流电动机调速性能差，直到20世纪80年代，借助于新兴的电力电子技术，特别是变频和矢量控制技术，才很好地解决了交流调速系统存在的问题，使交流调速系统发生了质的飞跃，逐步取代直流调速系统，成为目前占主导地位的调速系统。

3.1.3 调速系统的性能指标

1. 调速系统的基本要求

调速系统一般包含以下三方面的内容。

（1）调速：按照一定的工艺要求，在一定的最高转速和最低转速范围内，分挡（有级）或平滑（无级）调节电动机的转速。

（2）稳速：以一定的精度在所需转速上稳定运行，在各种干扰下不允许有过大的转速波动，以确保产品质量。

（3）加、减速：频繁启动、制动的设备要求加、减速尽量快以提高生产率，不宜经受剧烈速度变化的机械则要求启动、制动尽量平稳。

以上三方面有时都须具备，有时只要求其中一项或两项，其中调速和稳速两项，若都要实现，常互相矛盾。为了保证产品质量，要求调速系统在各级转速下工作时，不允许有过大的速度波动，因此为了定量地分析调速系统，提出调速系统的性能指标。

2. 动态性能指标

动态性能指标包含以下两方面内容。

（1）跟随性能指标：对给定输入应该能不失真地准确跟踪，包括上升时间 t_r、峰值时间 t_p、调节时间 t_s、超调量 σ。跟随性能指标如图 3.1 所示。

（2）抗扰性能指标：表示系统抵抗扰动的能力。抗扰性能指标如图 3.2 所示。

最大动态降落：系统稳定运行时，突加一个约定的标准的负扰动量，在过渡过程中引起的输出量最大降落值叫作最大动态降落，如图 3.2 中的 $\Delta C_{\max}$ 所示。

调节时间：从阶跃扰动作用开始，到输出量基本恢复稳态，距新稳态值之差进入某基准量的 5% 或 2% 范围之内所需的时间，定义为调节时间，如图 3.2 中的 t_s 所示。

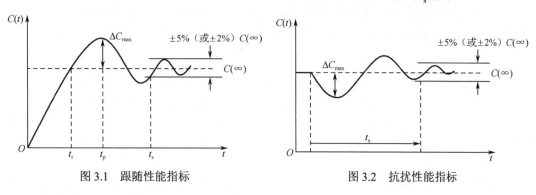

图 3.1　跟随性能指标　　　　　　　　图 3.2　抗扰性能指标

一般来说，调速系统的动态性能指标以抗扰性能指标为主，而随动系统的动态性能指标则以跟随性能指标为主。

3. 静态性能指标

1）调速范围

电动机在额定负载下调速时，它的最高转速和最低转速之比，称为调速范围，用字母 D 表示，即

$$D = \frac{n_{\max}}{n_{\min}} \tag{3-1}$$

2）静差率

当系统在某一转速下运行时，负载由理想空载增加到额定值时所对应的转速降 Δn_{nom}，与理想空载转速 n_0 之比，称为静差率，用 s 表示，即

$$s = \frac{n_0 - n_{\text{nom}}}{n_0} = \frac{\Delta n_{\text{nom}}}{n_0} \qquad (3\text{-}2)$$

静差率表示调速系统的相对稳定性，静差率越小，相对稳定性越好。

n_0 相同的机械特性如图 3.3 所示，n_0 相同，Δn 不同：曲线 A 的转速降为 Δn_{a}，静差率小，转速的稳定性好，称之为电动机机械特性硬；曲线 B 的转速降为 Δn_{b}，静差率大，转速的稳定性差，称之为电动机机械特性软。

n_0 不同的机械特性如图 3.4 所示，n_0 不同，Δn 相同：高转速时，曲线 A 的静差率小，转速的稳定性好；低转速时，曲线 B 的静差率大，转速的稳定性差。

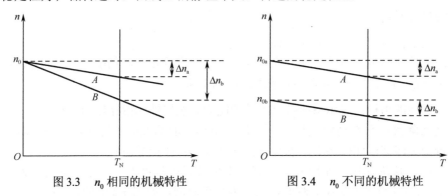

图 3.3　n_0 相同的机械特性　　　　图 3.4　n_0 不同的机械特性

工程设计时以最低速特性所对应的静差率为依据，此时为电动机最困难的工作条件。在低速时的静差率能满足要求，在高速时的静差率也能满足要求。

3）调速范围与静差率的关系

调速范围和静差率两项静态性能指标并不是孤立的，必须同时考虑才有意义。一个调速系统的调速范围是指在最低转速时（额定负载下）还能满足静差率要求的转速可调范围；没有静差率的要求，系统的调速范围可以很大（最低转速可以很小），离开静差率谈调速范围无意义；没有调速范围的限制，静差率的值可以很小（高速时静差率很小），离开调速范围谈静差率无意义。

一般情况下，电动机最高转速为额定转速 $n_{\text{max}} = n_{\text{N}}$，转速降为 Δn，按照上面分析的结果，该系统的静差率应该是最低速时的静差率，即

$$s = \frac{\Delta n}{n_{0\,\text{min}}} = \frac{\Delta n}{n_{\text{min}} + \Delta n}$$

则

$$n_{\text{min}} = \frac{\Delta n(1-s)}{s}$$

又

$$D = \frac{n_{\text{max}}}{n_{\text{min}}}$$

则

$$D = \frac{n_{\text{N}} s}{\Delta n(1-s)} \qquad (3\text{-}3)$$

式（3-3）充分体现了调速范围和静差率不是孤立的，而是相互依存的：当系统的额定转速降 Δn 一定时，若要求静差率越小，则系统可能达到的调速范围就越小；若要求调速范围越大，则静差率也越大，可能达不到生产工艺要求。若系统的调速范围和静差率要求一

定时，只有 Δn 小于某一值时才有可能达到要求，这就要求调速系统应该尽量减小静态转速降 Δn 的值。

3.2 直流电动机

3.2.1 直流电动机的结构组成

直流电动机包括定子和转子两部分。其结构组成如图 3.5 所示。

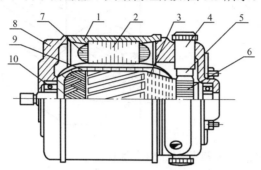

1—机壳；2—定子铁芯；3—电枢；4—电刷座；5—电刷；

6—换向器；7—励磁绕组；8—端盖；9—空气隙；10—轴承

图 3.5 直流电动机的结构组成

1. 定子

定子包含机座、主磁极、励磁绕组、电刷架等。

2. 转子

转子由电枢铁芯、电枢绕组、换向器等组成。直流电动机转子结构如图 3.6 所示。

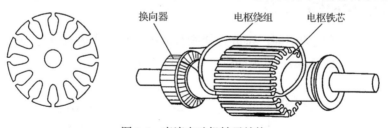

图 3.6 直流电动机转子结构

3.2.2 直流电动机的工作原理

直流电动机的工作原理如图 3.7 所示，当定子的励磁绕组通电时产生磁场，形成 N 和 S 一对磁极；转子的电枢铁芯中有一线圈 abcd，线圈的两端分别连接互相绝缘的两个换向片 P1 和 P2；在换向器上放置固定不动而与换向片滑动接触的电刷 A 和 B，线圈 abcd 通过换向器和电刷与外部的直流电源接通。

当电源正极加于电刷 A、电源负极加于电刷 B 时，电枢线圈中电流的路径如图 3.7（a）所示，电源正极→电刷 A→换向片 P1→a→b→c→d→换向片 P2→电刷 B→电源负极。根据楞次定律，载流导体 ab 和 cd 均处于 N 和 S 之间的磁场中，产生电磁力 *F*，这一对电磁力形成一个转矩，称为电磁转矩，转矩的方向为逆时针方向，使整个电枢逆时针方向旋转。

当电枢旋转 180° 后，电枢线圈中电流的路径如图 3.7（b）所示，电源正极→电刷 A→换向片 P2→d→c→b→a→换向片 P1→电刷 B→电源负极。根据楞次定律，电磁转矩的方向仍然是逆时针方向。

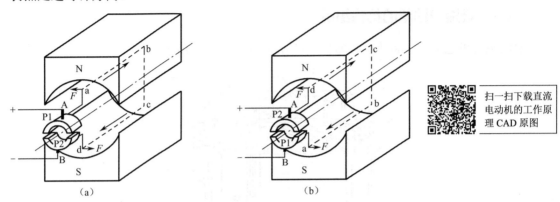

扫一扫下载直流电动机的工作原理 CAD 原图

图 3.7　直流电动机的工作原理

由此可见，借助于换向器和电刷的作用，加于直流电动机的直流电源变为电枢线圈中的交变电流，使流过线圈中的电流方向发生了改变，从而使电枢产生的电磁转矩方向恒定不变，电动机的转子就连续地旋转起来。

实际应用中的直流电动机电枢圆周均匀地嵌放了许多线圈，相应的换向器由许多换向片组成，使电枢线圈所产生的电磁转矩足够大并且运转平稳。

> **小思考：** 如果需要改变转子的旋转方向，可以有哪些方法？

3.2.3　直流电动机的类型

直流电动机根据励磁的不同，可分为他励直流电动机、永磁直流电动机、串励直流电动机、并励直流电动机、复励直流电动机，如图 3.8 所示。

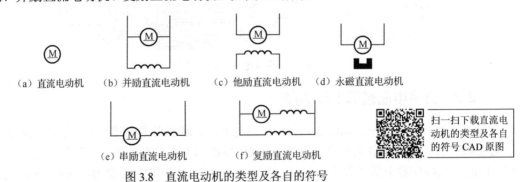

扫一扫下载直流电动机的类型及各自的符号 CAD 原图

图 3.8　直流电动机的类型及各自的符号

3.2.4　直流电动机的调速方法

直流电动机的转速方程为

$$n = \frac{U_\mathrm{d} - I_\mathrm{d} R_\Sigma}{C_\mathrm{e} \Phi} \tag{3-4}$$

式中，n 为转速（r/min）；U_d 为电枢电压（V）；I_d 为电枢电流（A）；R_Σ 为电枢回路总电阻（Ω）；Φ 为励磁磁通（Wb）；C_e 为由电动机结构决定的电动势常数。

通过转速方程，可以看出有三种方法可调节直流电动机的转速：

（1）调节电枢电压 U_d。

（2）减弱励磁磁通 Φ。

（3）改变电枢回路总电阻 R_Σ。

3.2.5　直流电动机的机械特性

直流电动机的机械特性是指电动机在电枢电压、励磁电流、电枢回路总电阻为恒值的条件下，即电动机处于稳态运行时，电动机的转速与电磁转矩之间的关系：$n = f(T)$。

实际上，电磁转矩与电枢电流 I_d 成比例，电流比电磁转矩利于测量，所以通常用电动机的转速特性 $n = f(I_\mathrm{d})$ 来代表其机械特性 $n = f(T)$。

1. 固有机械特性

当电枢电压为额定电压、励磁磁通为额定磁通、电枢回路电阻为电枢绕组固有电阻，即 $U_\mathrm{d} = U_\mathrm{N}$、$\Phi = \Phi_\mathrm{N}$、$R = R_\mathrm{a}$ 时的机械特性称为固有机械特性：$n = \dfrac{U_\mathrm{N} - I_\mathrm{d} R_\mathrm{a}}{C_\mathrm{e} \Phi_\mathrm{N}}$，其固有机械特性如图 3.9 所示。

由于电枢电阻很小，特性曲线斜率很小，所以固有机械特性较平直，称这样的机械特性较硬。$n_0 = \dfrac{U_\mathrm{N}}{C_\mathrm{e} \Phi_\mathrm{N}}$ 称为理想空载转速，$\Delta n = \dfrac{I_\mathrm{d} R_\mathrm{a}}{C_\mathrm{e} \Phi}$ 称为转速降。当 $T = T_\mathrm{N}$ 时，$n = n_\mathrm{N}$，此点为电动机额定工作点，转速差 $\Delta n = n_0 - n_\mathrm{N}$，为额定转速差。

2. 人为机械特性

当改变 U_d、R_Σ 或 Φ 时得到的机械特性称为人为机械特性。

1）电枢串电阻时的人为机械特性

保持 $U_\mathrm{d} = U_\mathrm{N}$，$\Phi = \Phi_\mathrm{N}$ 不变，只在电枢回路中串入电阻 R_s 时的人为机械特性：

$$n = \frac{U_\mathrm{N} - I_\mathrm{d}(R_\mathrm{a} + R_\mathrm{s})}{C_\mathrm{e} \Phi_\mathrm{N}}$$

在电枢中串入电阻时，理想空载转速 n_0 不变，串入电阻的阻值越大，特性曲线的斜率越大，特性越软。故直流电动机电枢串电阻时的人为机械特性是通过理想空载点的一簇放射性直线，如图 3.10 所示。

2）降低电枢电压时的人为机械特性

保持 $R = R_\mathrm{a}$，$\Phi = \Phi_\mathrm{N}$ 不变，只改变电枢电压 U_d 时的人为机械特性：$n = \dfrac{U - I_\mathrm{d} R_\mathrm{a}}{C_\mathrm{e} \Phi_\mathrm{N}}$。

理想空载转速 n_0 随着 U 的变化而不同，但特性曲线的斜率不变，曲线是一组平行线。特性曲线硬度没有变化。因此直流电动机改变电枢电压时的人为机械特性是一组平行于固有机械特性的直线，如图 3.11 所示。

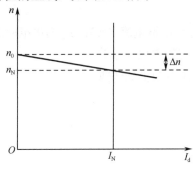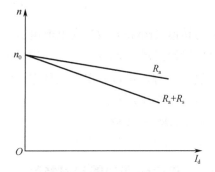

图 3.9　直流电动机固有机械特性　　　图 3.10　直流电动机电枢串电阻时的人为机械特性

3）减弱励磁磁通时的人为机械特性

保持 $R = R_a$，$U_d = U_N$ 不变，只改变励磁磁通 Φ 时的人为机械特性：$n = \dfrac{U_N - I_d R_a}{C_e \Phi}$。

将磁场额定励磁磁通减小，随着励磁磁通减小，理想空载转速 n_0 增加，特性曲线的斜率变大，特性曲线变软。直流电动机改变励磁磁通时的人为机械特性如图 3.12 所示。

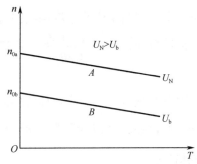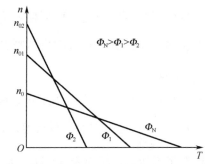

图 3.11　直流电动机改变电枢电压时的人为机械特性　　图 3.12　直流电动机改变励磁磁通时的人为机械特性

注意：他励直流电动机启动和运行过程中，绝不允许励磁回路断开。

　　小思考：比较这 3 种人为机械特性哪一种调速性能更好。

3.3　晶闸管供电的直流调速系统

从前面直流电动机的机械特性的分析看到，直流电动机的调速一般采用调压调速，需要将现场的交流电转换成直流电，并且直流电电压可调。

3.3.1　开环直流调速系统

开环直流调速系统如图 3.13 所示，主电路采用晶闸管三相可控桥式整流，其输出电压可用下式表示：

$$U_{d0} = 2.34U \cos \alpha$$

式中，U_{d0} 为可控整流桥输出电压（V）；U 为可控整流桥输入电压有效值（V）；α 为晶闸管触发角。

扫一扫下载开
环直流调速系
统 CAD 原图

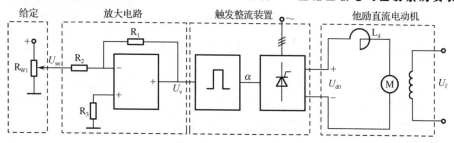

图 3.13　开环直流调速系统

当给定电压 $U_{sn} = 0$ 时，经过放大器的输出控制信号 $U_c = -\dfrac{R_1}{R_2}U_{sn} = 0$，对应的触发角 $\alpha = 90°$，整流桥输出的电压 $U_{d0} = 0$，电动机处于停止状态；当给定电压 U_{sn} 上升时，对应的触发角 α 下降，整流桥有电压输出，直流电动机开始转动，不同的输入电压，电动机会有不同的转速；当给定电压 U_{sn} 上升到最大值时，对应的触发角 $\alpha = 0°$，电枢电压达到额定值，电动机在额定负载下达到额定转速。

开环直流调速系统存在以下三个问题。

（1）当外界有扰动时，比如负载变化或输入的电压有波动时，电动机转速有较大波动，不能自我调节。

（2）静差率大，对静差率有一定要求的系统，不能满足要求。

（3）为满足控制要求，当减小静差率时，会使调速范围减小，但我们往往需要较宽的调速范围，这就存在矛盾。

开环直流调速系统只适用于对调速系统要求不高的场合，许多需要无级调速的生产机械为了保证加工精度，常常对调速精度和调速范围提出一定的要求，这时，开环直流调速系统已不能满足要求。引入转速负反馈可减小转速降，提高调速精度，拓宽调速范围，还可以对外界干扰进行自我调节。

3.3.2　转速负反馈单闭环调速系统

扫一扫下载转速负反馈直流调速系统 CAD 原图

1. 闭环调速系统的结构组成及工作过程

在开环直流调速系统的基础上增加一个测速发电机，构成的转速负反馈直流调速系统如图 3.14 所示。

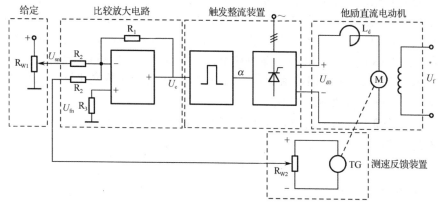

图 3.14　转速负反馈直流调速系统

当系统在给定电压 U_{sn} 作用下启动时，开始一瞬间电动机并未转动，故反馈电压 $U_{fn} = 0$，则转速偏差电压 $\Delta u = U_{sn} - U_{fn}$，通过放大器输出较大的控制信号 $U_c = -\dfrac{R_1}{R_2}\Delta u$，晶闸管的触发角 α 由起始状态的 $90°$ 下降，整流器输出电压，电动机开始转动。随着电动机转速的上升，反馈电压 U_{fn} 逐渐上升，转速偏差电压 Δu 逐渐减小，电动机的转速上升率逐渐减小，直到电动机转速接近给定的目标转速，反馈电压 U_{fn} 接近给定电压 U_{sn}，电动机即平稳运转。

通过上述过程可以看出，从原理上，该调速系统电动机转速只能接近给定的目标转速，而不能完全等于目标转速，即 $\Delta u \neq 0$，系统永远存在偏差，这样的系统称为有静差直流调速系统。具体分析如下：$U_c = -\dfrac{R_1}{R_2}\Delta u = K_p\Delta u$，若偏差为 0，则放大器的输出控制信号 U_c 为 0，晶闸管不会触发导通，整流桥的输出电压 U_{d0} 为 0，电动机停止运转。

当系统受到负载干扰时，比如负载增加，电动机转速下降，系统将发生如下的自动调节过程：$n\downarrow \to U_{fn}\downarrow \to \Delta u\uparrow \to U_c\uparrow \to \alpha\downarrow \to U_{d0}\uparrow \to n\uparrow$，使系统转速回升到接近扰动前的转速。闭环调速系统自动调节过程如图 3.15 所示。

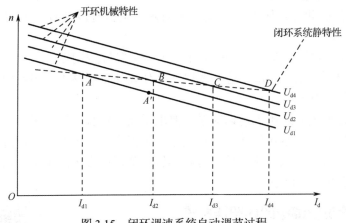

图 3.15　闭环调速系统自动调节过程

2. 闭环系统静特性

在开环直流调速系统中，当给定电压固定后，整流桥输出的电压不会改变，保持电枢电压不变，随着负载的增加，直流电动机的转速逐渐下降，电动机工作在开环机械特性曲线上。当增加转速负反馈后，随着负载的增加，直流电动机的转速逐渐下降，系统自动升高电枢电压，将转速提升，电动机将工作在不同的开环机械特性曲线上，连续看，电动机像是工作在如图 3.15 所示的 ABCD 这条直线上，这条直线称为闭环系统静特性。

从图 3.15 中可直观地看出，增加负反馈后，$I_{d1} \sim I_{d4}$ 的负载变化下，闭环系统静特性比开环机械特性更硬，转速波动更小。

组成转速负反馈直流调速系统的各环节经过简化后的特性如下。

比较放大环节：

$$U_c = K_p(U_{sn} - U_{fn})$$

式中，K_p 为放大器放大系数。

晶闸管触发整流器：

$$U_{d0} = K_s U_c$$

式中，K_s 为晶闸管触发整流器放大系数。

测速发电机：

$$U_{fn} = \alpha n$$

式中，α 为测速反馈系统系数。

直流电动机转速：

$$n = \frac{U_d - I_d R_\Sigma}{C_e \Phi} ,$$

开环机械特性方程：

$$n = \frac{U_{d0} - I_d R_\Sigma}{C_e \Phi} = \frac{K_p K_s U_{sn}}{C_e \Phi} - \frac{R_\Sigma I_d}{C_e \Phi}$$

闭环系统静特性方程：

$$n = \frac{U_{d0} - I_d R_\Sigma}{C_e \Phi (1+K)} = \frac{K_p K_s U_{sn}}{C_e \Phi (1+K)} - \frac{R_\Sigma I_d}{C_e \Phi (1+K)}$$

式中，$K = K_p K_s \alpha / C_e$。

3. 开环机械特性与闭环系统静特性的比较

1）闭环系统转速降小，静特性硬

在同样的负载扰动下，两者的转速降分别为

开环系统转速降：

$$\Delta n_{op} = \frac{R_\Sigma I_d}{C_e \Phi}$$

闭环系统转速降：

$$\Delta n_{cl} = \frac{R_\Sigma I_d}{C_e \Phi (1+K)}$$

$$\Delta n_{cl} = \frac{\Delta n_{op}}{1+K} \tag{3-5}$$

可以看出，闭环系统的转速降比开环系统小得多，比例系数越大，转速降越小。

2）闭环系统的静差率小，稳速精度高

开环系统的静差率：

$$s_{op} = \frac{\Delta n_{op}}{n_{0op}}$$

闭环系统的静差率：

$$s_{cl} = \frac{\Delta n_{cl}}{n_{0cl}}$$

当两者的理想空载转速相同时，则

$$s_{cl} = \frac{s_{op}}{1+K} \tag{3-6}$$

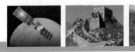

可以看出，闭环系统的静差率小，稳速精度更高。

3）当要求的静差率一定时，闭环系统可以扩大调速范围

开环系统的调速范围：

$$D_{op} = \frac{n_{nom}s}{\Delta n_{op}(1-s)}$$

闭环系统的调速范围：

$$D_{cl} = \frac{n_{nom}s}{\Delta n_{cl}(1-s)}$$

当系统的静差率要求一样且最高转速相同时，则

$$D_{cl} = (1+K)D_{op} \tag{3-7}$$

可以看出，增加转速负反馈后，调速系统可以减小转速降，减小静差率，扩大调速范围，使系统的静态指标得到改善。实际上，图 3.13、图 3.14 中的放大电路在控制系统中也称为比例调节器（Proportional regulator，P 调节器），P 调节器的比例系数 K_p 越大，系统的静态指标改善效果越好。甚至当 K_p 为无穷大时，理论上可以让转速降减小为 0，调速范围可以无限扩展，但 K_p 不能过大，根据自动控制规律，当 K_p 超过一定范围时，系统的稳定性会下降，甚至会出现振荡，导致系统不能正常工作。

3.3.3 无静差直流调速系统

如前所述，采用 P 调节器控制的有静差直流调速系统，K_p 越大，系统精度越高；但 K_p 过大，将降低系统的稳定性，使系统动态不稳定。根据自动控制规律，调节器采用比例控制规律，不可能消除偏差，要构成无静差系统，须引入积分控制规律。用 PI 调节器代替 P 调节器，即可构成无静差直流调速系统，如图 3.16 所示。

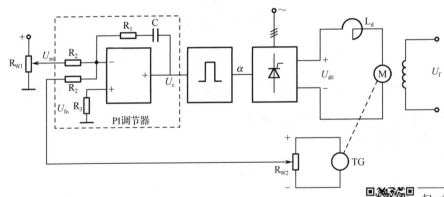

图 3.16　无静差直流调速系统

扫一扫下载无静差直流调速系统 CAD 原图

PI 调节器的输出电压：

$$U_c = \frac{R_1}{R_2}\Delta u + \frac{1}{R_2C}\int_0^t \Delta u \, dt = K_p\Delta u + \frac{t}{\tau}\Delta u$$

式中，$\Delta u = U_{sn} - U_{fn}$。

在启动的瞬间，$t = 0$ 时，$U_c = K_p U_{sn}$，这是一个由比例部分决定的突变量；当 $t \geq 0$

时，随时间推移，积分部分从 0 开始线性增长。

当达到稳态时，$\Delta u = U_{sn} - U_{fn} = 0$，即达到了无静差，此时 PI 调节器的输出电压中比例部分为 0，虽然 $\dfrac{1}{R_2 C}\int_0^t \Delta u dt$ 不再进行积分，但是由于积分的累加性和记忆特性，积分部分保持先前的输出量，即 PI 调节器的输出电压 $U_c \neq 0$，U_c 控制晶闸管的输出，电动机将继续以给定值正常运转，实现了无静差调节。

3.3.4　转速、电流双闭环直流调速系统

1. 直流电动机理想的启动过程

前述的转速负反馈单闭环调速系统实际上是不能正常工作的。这是由于直流电动机在大阶跃给定启动时，启动瞬间反馈电压 $U_{fn} = 0$，若给定电压 U_{sn} 全部加在调节器输入端，会造成控制电压 U_c 很大，晶闸管的输出电压很高，造成电动机启动时电流过大。对要求不高的直流调速系统，常常加入电流截止负反馈环节以限制启动过程和运行中出现的过电流。因为转速负反馈和电流反馈信号都加在同一个调节器的输入端，所以这两个反馈信号互相影响，使调速系统的动态、静态特性不理想。

调速系统不仅需要完成调速、稳速，还需要快速启动和制动，提高生产效率。要使电动机能快速启动和制动，即解决电动机的加、减速问题，如果在这个过程中能获得一个最大的加速度，那么电动机的启动和制动过程时间将是最短的。根据 $F = ma$，物体要获得最大的加速度，就需要获得一个最大的力，对电动机来说，就需要有一个最大的转矩。电动机的转矩是由电流产生的，如果给电动机输入一个能承受的最大电流，电动机就可以获得最大的转矩，产生最大的加速度，达到最快的启动过程。直流电动机理想的启动过程如图 3.17 所示。

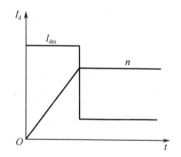

图 3.17　直流电动机理想的启动过程

2. 转速、电流双闭环直流调速系统的组成

为了实现直流电动机在允许条件下的最快启动，关键是获得一段使电流保持最大值 I_{dm} 的恒流过程。按照反馈控制规律，采用某个物理量的负反馈就可以保持该量基本不变，那么采用电流负反馈应该能够得到近似的恒流过程。

为避免在一个调节器的输入端综合几个信号时造成各个参数间的相互影响，在调速系统中另加一个电流调节器，一个电流互感器 TA 对电流进行检测，就构成了转速、电流双闭环直流调速系统，如图 3.18 所示。

图 3.18 中，把转速调节器（ASR）的输出当作电流调节器（ACR）的输入，再用电流调节器的输出控制触发整流装置。从闭环结构上看，电流环在里面，称作内环；转速环在外面，称作外环。转速调节器和电流调节器均使用带限幅的 PI 调节器。转速调节器的输出限幅电压 U_{sim} 决定了电流调节器的给定电压的最大值；电流调节器的输出限幅电压 U_{cm} 决定了触发整流器的最大输出电压 U_{dm}。

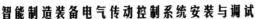
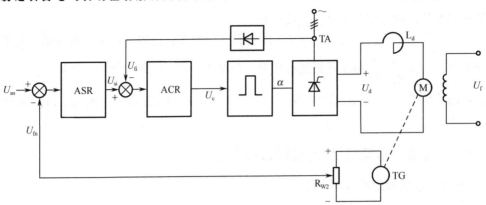

图 3.18　转速、电流双闭环直流调速系统

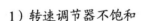
扫一扫下载转速、
电流双闭环直流调
速系统 CAD 原图

3. 转速、电流双闭环直流调速系统静特性

带限幅的 PI 调节器存在两种情况。

（1）饱和——输出达到限幅值。当 PI 调节器饱和时，输出为恒值，输入量的变化不再影响输出，除非有反向的输入信号使 PI 调节器退出饱和；换句话说，饱和的 PI 调节器暂时隔断了输入和输出间的联系，相当于使该调节环开环。

（2）不饱和——输出未达到限幅值。当 PI 调节器不饱和时，输出按 PI 控制规律变化，PI 控制使输入偏差电压在稳态时总是零。

实际上，电流调节器是不会达到饱和状态的。因此对于转速、电流双闭环直流调速系统静特性来说，只有转速调节器饱和与不饱和两种情况。转速、电流双闭环直流调速系统静特性如图 3.19 所示。

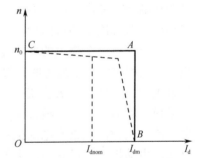

图 3.19　转速、电流双闭环直流调速系统静特性

1）转速调节器不饱和

$$U_{sn} = U_{fn} = \alpha n = \alpha n_0$$
$$U_{si} = U_{fi} = \beta I_d$$

式中，α 和 β 为转速和电流反馈系数。

由上述第一个关系式可得 $n = \dfrac{U_{sn}}{\alpha} = n_0$，从而得到如图 3.19 所示的 CA 段。与此同时，由于转速调节器不饱和，$U_{si} \leq U_{sim}$。由上述第二个关系式可得 $I_d \leq I_{dm}$。这就是说，转速、电流双闭环直流调速系统的静特性 CA 段从理想空载状态的 $I_d = 0$ 一直延续到 $I_d = I_{dm}$，而 I_{dm} 一般都是大于额定电流 I_{dn} 的，这就是转速、电流双闭环直流调速系统的静特性的运行段，运行段是水平的特性。

2）转速调节器饱和

当转速调节器的输出达到限幅值 U_{sim}，转速外环呈开环状态，转速的变化对系统不再产生影响。转速、电流双闭环直流调速系统变成一个电流无静差的单电流闭环调节系统。稳态时 $I_d = \dfrac{U_{sim}}{\beta} = I_{dm}$，式中，最大电流 I_{dm} 是由设计者选定的，取决于电动机的允许过载能力和拖动系统允许的最大加速度。$I_d = \dfrac{U_{sim}}{\beta} = I_{dm}$ 描述的转速、电流双闭环直流调速系统的静

特性如图 3.19 中的 AB 段所示，它是垂直的特性。

这样的下垂特性只适用于 $n < n_0$ 的情况，因为若 $n > n_0$，则 $U_{fn} > U_{sn}$，转速调节器将退出饱和状态。

4. 转速、电流双闭环直流调速系统启动过程分析

设置转速、电流双闭环控制的一个重要目的就是要获得接近理想的启动过程，因此在分析转速、电流双闭环直流调速系统的动态性能时，有必要先探讨它的启动过程。转速、电流双闭环直流调速系统突加给定电压 U_{sn} 由静止状态启动时，转速和电流的动态过程如图 3.20 所示。

由于在启动过程中转速调节器经历了不饱和、饱和、退饱和三种情况，因此整个动态过程分成图 3.20 中标明的 I 、 II 、 III 三个阶段。第 I 阶段是电流上升阶段，第 II 阶段是恒流升速阶段，第 III 阶段是转速调节阶段。

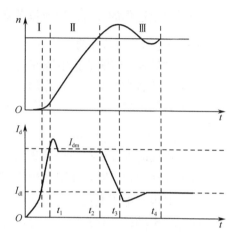

图 3.20　转速、电流双闭环直流调速系统启动时转速和电流的动态过程

1）第 I 阶段电流上升阶段

（1）突加给定电压 U_{sn} 后，I_d 上升，当 I_d 小于负载电流 I_{dl} 时，电动机还不能转动。

（2）当 $I_d \geq I_{dl}$ 后，电动机启动，由于机电惯性的作用，转速不会很快增大，因此转速调节器的输入偏差电压的数值仍较大，其输出电压迅速达到限幅值 U_{sim} 并保持，强迫 I_d 迅速上升。

（3）直到 $I_d = I_{dm}$，$U_{fi} = U_{sim}$，电流调节器很快压制 I_d 的增长，标志着这一阶段的结束。在这一阶段中，转速调节器很快进入并保持饱和状态，而电流调节器一般不饱和。

2）第 II 阶段恒流升速阶段

在这一阶段中，转速调节器始终是饱和的，转速环相当于开环，系统成为在恒值信号 U_{sim} 给定下的电流调节系统，基本上保持 $I_d = I_{dm}$ 恒定，因而系统的加速度恒定，转速呈线性增长。

恒流升速阶段是启动过程中的主要阶段。为了保证电流环的主要调节作用，在启动过程中电流调节器是不饱和的，这是在设计和调试时应该保证的。

3）第 III 阶段转速调节阶段

（1）当转速上升到给定值时，转速调节器的输入偏差减少到零，但其输出却由于积分作用还维持在限幅值 U_{sim}，所以电动机仍在加速，电动机转速出现超调。

（2）当电动机转速超调后，转速调节器输入偏差电压变负，转速调节器退出饱和状态，U_{si} 和 I_d 很快下降。但是，只要 I_d 仍大于负载电流 I_{dl}，电动机转速就继续上升。直到 $I_d = I_{dl}$，电动机转速不再上升，达到最大。此阶段对应图 3.20 中的 $t_2 \sim t_3$。

此后，电动机开始在负载的阻力下减速，与此相应，在一小段时间内（$t_3 \sim t_4$）$I_d < I_{dl}$，直到稳定。如果调节器参数整定得不够好，电流也会有一些振荡过程。

在最后的转速调节阶段，转速调节器和电流调节器都不饱和，转速调节器起主导的转速调节作用，而电流调节器则力图使 I_d 尽快地跟随其给定值 U_{si}，或者说电流内环是一个电流随动子系统。

5. 转速调节器与电流调节器的作用

通过以上过程的分析，转速调节器和电流调节器的作用可以归纳如下。

1）转速调节器的作用

（1）使转速 n 跟随给定电压变化，保证转速稳态无静差。

（2）对负载变化起抗干扰作用。

（3）其输出限幅值 U_{sim} 决定电枢主回路的最大电流 I_{dm}。

2）电流调节器的作用

（1）启动时保证获得允许的最大电流 I_{dm}。

（2）在转速调节时，使电枢电流跟随其给定电压 U_{si} 变化。

（3）对电网电压变化起抗干扰作用。

（4）当电动机过载甚至堵转时，可以限制电流的最大值，起安全保护的作用。

3.4 直流调速器

3.4.1 什么是直流调速器

直流调速器就是调节直流电动机速度的设备。由于直流电动机具有低速、大转矩的特点，且其调速性能优异，交流电动机无法取代，因此直流调速器有广泛的应用。

图 3.21 所示为直流调速器实物，其中，图 3.21（a）所示为西门子 6RA70 系列直流调速器，图 3.21（b）所示为英杰 M1D 系列直流调速器。

（a）西门子 6RA70 系列直流调速器　　　　（b）英杰 M1D 系列直流调速器

图 3.21 直流调速器实物

3.4.2　直流调速器的工作原理

直流调速器将交流电转换成两路直流电源输出，一路输出给直流电动机励磁绕组（定子），另一路输出给直流电动机电枢绕组（转子），直流调速器通过控制电枢直流电压来调节直流电动机的转速。如图 3.22 所示为西门子 DC Master 直流调速器原理框图。1U1、1V1、1W1 三相电源经电枢晶闸管桥整流输出到直流电动机的电枢绕组，3U1、3W1 经励磁晶闸管桥整流输出到直流电动机的励磁绕组。电枢控制回路是一个转速、电流双闭环结构，通过电流互感器对 I_d 进行检测，形成电流反馈环，通过测速发电机或编码器对电枢的实际速度进行检测，形成速度反馈环。

扫一扫看西门子
DC Master 直流
调速器原理框图

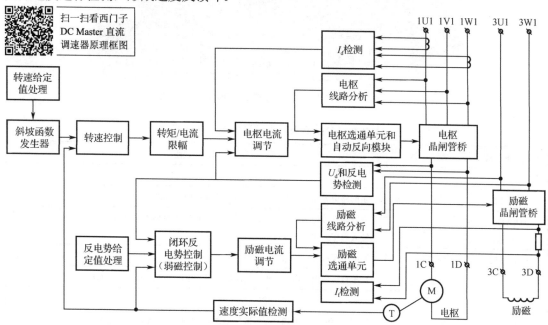

图 3.22　西门子 DC Master 直流调速器原理框图

3.4.3　英杰 M1R10 系列全数字直流调速器的应用

英杰 M1R10 系列全数字直流调速器分为 M1D10 不可逆（1 象限驱动）直流调速器与 M1R10 可逆（4 象限驱动）直流调速器。M1D10 直流调速器电枢回路采用单相全控桥结构；M1R10 直流调速器电枢回路采用单相全控桥逻辑无环流反并联结构。励磁单元独立供电，采用单相全桥不可控整流方案。该直流调速器的具体应用可参考英杰电气公司的《M1R10 系列全数字直流电动机调速器用户手册》。

1. 实物

图 3.23 所示为 M1D10 直流调速器的实物及端子分布。

2. 端子说明

M1D10 直流调速器各端子功能表如表 3.1 所示。

扫一扫看 M1R10 系
列全数字直流电动机
调速器用户手册

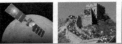

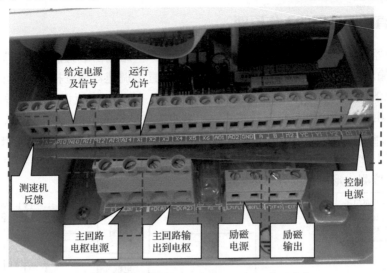

图 3.23 M1D10 直流调速器的实物及端子分布

表 3.1   M1D10 直流调速器各端子功能表

端 子 号	功 能	说 明	
主回路			
L1、L2	主回路电枢电源	主回路电源输入，单相交流电源，范围：100～400 V，45～65 Hz	
+D(A1)、 −D(A2)	电枢输出	主回路直流电源输出，连接到直流电动机的电枢端子，电压大小在 0～0.80 倍主回路输入电压之间变化	
FL1、FL2	励磁电源	励磁电源输入，单相交流电源，范围：0～400 V	
+E(F+)、−E(F−)	励磁输出	励磁直流电源输出，接电动机励磁绕组；电压大小约为 0.9 倍励磁交流输入电压	
控制回路			
D1、D2	控制电源	控制电源输入，单相交流电源，AC220×（1±15%）V，45～65 Hz	
L5、L6	风机电源	单相交流电源，AC 220 V，50 Hz/60 Hz	
Y1、YC	Y1 继电器输出	可编程常开触点，外部可连接 AC250 V 5 A 的电阻性负载	
Y2、YC	Y2 继电器输出		
P10	给定信号电源	给定信号电源正端：+10 V，使用电位器作给定信号时，可连接电位器的一端	
N10		给定信号电源负端：0 V，使用电位器作给定信号时，可连接电位器的另一端；若上位机来的给定信号，接信号的 0 V 端	
AI1	模拟输入 1	默认：被速度给定 1 连接	可编程输入 范围：−10～+10 V
AI2	模拟输入 2	默认：被速度给定 2 连接	
AI3	模拟输入 3	默认：被直接电流给定连接	
AI4	模拟输入 4		
N+	测速机反馈	测速机电压反馈输入+，最大 DC140 V	
N−	测速机反馈	测速机电压反馈输入−、内接 GND	
X1	运行允许	闭合：调速器运行；自检正常后，输出电枢电压 断开：调速器停机；满足条件后，停止输出	

续表

端子号	功能	说明	
X2	开关量输入2	默认：被上升输入连接	可编程输入
X3	开关量输入3	默认：被下降输入连接	
X4	开关量输入4		
X5	开关量输入5	默认：被点动上升连接	
X6	开关量输入6	默认：被点动下降连接	
AO1	模拟输出1	可编程输出直流电压信号，范围：$-10\sim+10\ V$	
AO2	模拟输出2		
GND	信号参考点		
A+	通信信号+	RS485 通信接口	
B−	通信信号−		
M2	通信信号"地"	通信信号参考点、与"GND"隔离	

3. 应用实例

图 3.24 所示为采用 M1D10 直流调速器组成的直流调速系统的电气原理图。采用 SB1
按钮作电动机的启动、停止控制，用电位器 RW 作速度的给定信号。当合上 QF3 断路器，
直流调速器得电开始工作，当设置好相应的参数后，合上 QF2、QF1 断路器，直流调速器
从 F+、F−端子输出励磁电源到直流电动机的励磁绕组，从 A1、A2 端子输出电枢电压到直
流电动机的电枢绕组，此时，励磁电压在 200 V 左右，电枢电压为 0 V，电动机静止。按下
SB1 按钮，调节电位器，AI1 输入 0～10 V 的给定信号，电动机开始转动。改变电位器调节
输入信号的大小，直流电动机的转速也相应改变。

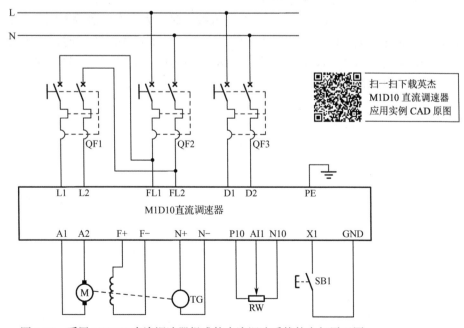

扫一扫下载英杰
M1D10 直流调速器
应用实例 CAD 原图

图 3.24 采用 M1D10 直流调速器组成的直流调速系统的电气原理图

小思考：若用西门子 802C 数控系统，主轴采用 M1D10 直流调速器组成的直流调速系统，应如何实现主轴控制。

思考与练习题 3

扫一扫看思考与练习题 3 参考答案

1. 按照拖动电动机的类型进行分类，调速系统分为_____和_____。

2. 调速系统一般包含_____、_____和_____ 3 方面的内容。

3. 什么是调速范围？什么是静差率？

4. 调速范围、静差率和转速降之间存在什么关系？

5. 某调速系统的调速范围是 1 500～150 r/min，要求静差率为 5%，系统允许的静态转速降是多少？如果开环系统的静态转速降是 90 r/min，则闭环系统的开环放大倍数是多少？

6. 简述直流电动机的工作原理。

7. 简述有哪些类型的直流电动机。

8. 直流电动机的转速方程是什么？直流电动机有哪些调速方法？常用的是什么调速方法？

9. 简述转速、电流双闭环直流调速系统的启动过程。

10. 简述转速、电流双闭环直流调速系统中转速调节器与电流调节器的作用。

11. 直流调速器需要为直流电动机提供_____电源和_____电源。

12. 如果数控机床采用西门子 802C 数控系统，主轴采用 M1D10 直流调速器组成的直流调速系统，应如何实现主轴控制？

13. 如果数控机床采用发那科 0i-TD 数控系统，主轴采用 M1D10 直流调速器组成的直流调速系统，应如何实现主轴控制？

14. 在实训任务 3 中，当启动按钮未按下时，为什么励磁输入电源的电压为 AC220 V 时，输出的电压为 DC200 V；而电枢输入电源的电压为 AC220 V 时，输出的电压为 0 V？

15. 通过修改 P、I、D 参数调节电动机转速这一实训任务，总结 P、I、D 参数对控制系统性能有什么影响。

实训任务 3　英杰 M1D10 直流调速电气控制系统安装与调试

1. 实训目的

（1）了解英杰 M1D10 直流调速电气控制系统的安装调试过程。

（2）掌握英杰 M1D10 直流调速器的应用。

（3）了解 P、I、D 控制规律对电气控制系统的影响。

（4）能正确阅读技术手册。

2. 任务说明

根据图 3.24 给出的采用 M1D10 直流调速器组成的直流调速系统的电气原理图，完成以下任务。

（1）完成英杰 M1D10 直流调速电气控制系统的安装接线。

（2）借助 M1D10 直流调速器的使用说明书，对 M1D10 直流调速器的参数进行正确设置，完成英杰 M1D10 直流调速电气控制系统功能调试，实现直流电动机可以平稳调速。

（3）改变速度给定值，完成相关数据的测量。

3. 安装前的检查

安装接线前，检查直流电动机的励磁绕组和电枢绕组的阻值，确认电枢绕组和励磁绕组的接线柱。

用万用表欧姆挡测量电阻值并填入表 3.2 中。

表 3.2　直流电动机各绕组的检测表

项　　目	电 枢 绕 组	励 磁 绕 组	各绕组与电动机外壳之间的阻值
阻值			
接线端子号			
接线颜色			

一般情况下，电枢绕组的阻值小于励磁绕组的阻值，各绕组与电动机外壳之间的阻值应为无穷大。各绕组与电动机外壳之间的阻值也可以用兆欧表测量，绝缘值应达到 0.5 MΩ 以上。

4. 电气控制系统安装

根据图 3.24，在电气控制柜中选择合适的元器件正确连接线路。

注意在连接线路过程中，一定要保证直流调速器的励磁输入电源 FL1、FL2 断开后，电枢输入电源 L1、L2 也断开。

5. 调试

1）通电检查

用万用表测量下列情况的电压，注意选择挡位。

（1）系统输入电源为 AC220 V。

（2）合上开关 QF3。

表 3.3　控制回路电压检测表

D1—D2（万用表 AC750 V）

当合上开关 QF3 后，直流调速器的显示屏数码管应点亮。

（3）合上开关 QF2。

表 3.4　励磁回路电压检测表

FL1—FL2（万用表 AC750 V）	F+—F-（万用表 DC1 000 V）

（此时，励磁输入电源的电压为相电压 AC220 V，输出的电压应为 DC200 V 左右。）

（4）合上开关 QF1。

表 3.5　电枢回路电压检测表

L1—L2（万用表 AC750 V）	A1—A2（万用表 DC1 000 V）

（此时，电枢输入电源的电压应为相电压 AC220 V，输出的电压应为 0 V。）

2）参数恢复出厂设置

合上开关 QF3，直流调速器通电工作，根据厂家提供的使用说明书《M1R10 系列全数字直流电动机调速器用户手册》，查找到参数 9.20，将参数 9.20 设为"1234"，按"ENT/DATA"确认后自动恢复默认值。

注意：恢复出厂设置操作仅在实验中或首次购买新调速器时使用，在实际工作中，对于已经工作过的调速器，其参数不能轻易恢复出厂设置。

3）功能检查

按下 SB1 按钮，调节 RW 电位器，直流电动机可以转动并调速。观察此时电动机旋转状态是否平稳。

4）性能调试

将电动机转速设定为＿＿＿＿＿＿＿＿＿＿，调节控制器电流环 PI 和速度环 PID，使电动机旋转平稳，涉及的参数如表 3.6 所示。

表 3.6　PID 参数设定表

参 数 类 别	参 数 名 称	参 数 地 址	默 认 值	设 定 值
电流环	电流环 P 参数	4.06	3.0	
	电流环 I（连续）	4.07	3.0	
	电流环 I（断续）	4.08	5.0	
速度环	速度 P 参数	3.05	5.0	
	速度 I 参数	3.06	4.0	
	速度 D 参数	3.07	0.0	

5）数据测量

当直流电动机运行平稳后，调节电位器 PW，改变给定输入电压，用万用表测量电枢电压、测速发电机的反馈电压，用转速表测量电动机的转速，完成表 3.7 中的数据测量。

表 3.7　直流调速系统数据测量表

序号	给定电压 （AI1—N10）	电枢电压 （A1—A2）	反馈电压 （N+—N−）	转速
1	0 V			
2	1 V			
3	2.5 V			
4	5 V			
5	7.5 V			
6	10 V			

项目 4

变频主轴电气控制系统安装与调试

学习任务	1. 学习三相交流异步感应电动机的结构组成、工作原理、调速方法;
	2. 学习三相交流电动机的变频调速原理;
	3. 学习变频器的结构组成、工作原理;
	4. 学习变频调速系统的应用;
	5. 学习变频器在数控机床变频主轴电气控制系统中的应用
学前准备	1. 查阅资料,了解三相交流异步感应电动机的应用;
	2. 查阅资料,了解变频调速系统的应用
学习目标	1. 了解三相交流异步感应电动机的结构组成、工作原理、机械特性;
	2. 掌握三相交流异步感应电动机的接线方式;
	3. 了解三相交流电动机的变频调速原理;
	4. 了解变频器的结构组成、工作原理;
	5. 了解 PWM、SPWM 实现恒压频比的变频调速原理;
	6. 会用万用表检测判断变频器主电路的好坏;
	7. 会根据需要选择变频器;
	8. 能借助技术手册完成变频器的连接、参数设置等,实现变频调速系统的功能;
	9. 了解数控机床变频主轴电气控制系统的应用案例

变频器+三相交流异步感应电动机实现速度调节,不仅是数控机床主轴的一种配置方案,在生产生活中需要速度控制的场合也得到广泛的应用。

 扫一扫看项目 4 教学课件

 扫一扫学习行业榜样——全国技术能手余刚

4.1　三相交流异步感应电动机

4.1.1　三相交流异步感应电动机的结构组成

三相交流异步感应电动机由定子和转子构成，定子和转子之间有气隙。图 4.1 所示为三相交流异步感应电动机的定子和转子实物图。

1. 定子

定子由铁芯、绕组、机座三部分组成。铁芯由 0.5 mm 的硅钢片叠压而成；绕组由漆包线绕制而成，三相电动机有三个绕组，三相绕组连接成星形或三角形；机座一般用铸铁做成，主要用于固定和支撑定子铁芯。

（a）定子　　　　（b）转子

图 4.1　三相交流异步感应电动机的定子和转子实物图

2. 转子

转子由铁芯和绕组组成。铁芯同样由硅钢片叠压而成，压装在转轴上；绕组分为鼠笼式和线绕式两种。线绕式异步电动机还有滑环、电刷机构。

在电动机的两端有端盖，尾部有风扇及风扇罩等，整个三相交流异步感应电动机的结构图如图 4.2 所示。

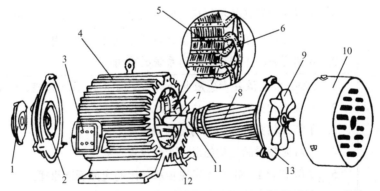

1、2—前端盖；3—接线盒；4—定子外壳；5—定子铁芯；6—定子绕组；7—转轴

8—转子；9—风扇；10—风扇罩；11—轴承；12—机座；13—后端盖

图 4.2　三相交流异步感应电动机的结构图

4.1.2　三相交流异步感应电动机的工作原理

1. 三相交流异步感应电动机工作过程

（1）三相正弦交流电通入电动机定子的三相绕组，产生旋转磁场，将旋转磁场的速度称为同步转速。

（2）旋转磁场切割转子导体，产生感应电势。

（3）转子绕组中产生感应电流。

（4）转子电流在旋转磁场中产生力，形成电磁转矩，电动机就转动起来了。

电动机转子的转速达不到旋转磁场的转速，转子就不能切割磁力线，就不能产生感应电势，电动机就会停下。电动机转子转速总落后旋转磁场的转速，称之为异步。

设同步转速为 n_0，电动机的转速为 n，则转速差为 $\Delta n = n_0 - n$。

电动机的转速差与同步转速之比定义为三相交流异步感应电动机的转差率 s，则

$$s = \frac{n_0 - n}{n_0} = \frac{\Delta n}{n_0} \tag{4-1}$$

转差率 s 是分析三相交流异步感应电动机运行情况的主要参数。

2. 旋转磁场的产生

三相交流异步感应电动机的旋转首先是因为绕组通入三相交流电后产生了旋转磁场，旋转磁场是怎么产生的呢？为了方便说明，我们假设电动机定子有 6 个线槽，每相绕组只有一个线圈，连接成星形，如图 4.3 所示。

给三相电动机通入三相交流电，如图 4.4 所示。在 $0 \sim T/2$ 区间，分析有一相电流为零的几个点。规定：当电流为正时，从首端进尾端出；当电流为负时，从尾端进首端出。三相绕组分别是 AX、BY、CZ。

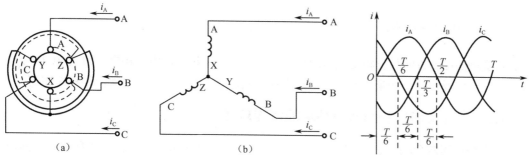

（a）　　　　　　　　　　　　（b）

图 4.3　三相交流异步感应电动机工作原理　　图 4.4　三相电动机通入三相交流电示意图

当 $t = 0$ 时，$i_A = 0$；i_B 为负，电流实际方向与正方向相反，即电流从 Y 端流到 B 端；i_C 为正，电流实际方向与正方向一致，即电流从 C 端流到 Z 端。按右手螺旋法则确定三相电流产生的合成磁场，如图 4.5（a）中箭头所示。

当 $t = \dfrac{T}{6}$ 时，i_A 为正（电流从 A 端流到 X 端）；i_B 为负（电流从 Y 端流到 B 端）；$i_C = 0$。此时的合成磁场如图 4.5（b）所示，合成磁场已从 $t = 0$ 瞬间所在位置顺时针旋转了 $60°$。

当 $t = \dfrac{T}{3}$ 时，i_A 为正；$i_B = 0$；i_C 为负，此时的合成磁场如图 4.5（c）所示，合成磁场已从 $t = 0$ 瞬间所在位置顺时针旋转了 $120°$。

当 $t = \dfrac{T}{2}$ 时，$i_A = 0$；i_B 为正；i_C 为负。此时的合成磁场如图 4.5（d）所示。合成磁场已从 $t = 0$ 瞬间所在位置顺时针旋转了 $180°$。

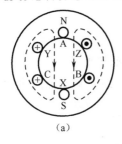 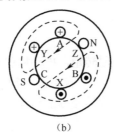 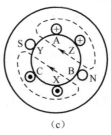 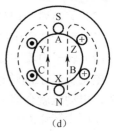

| (a) | (b) | (c) | (d) |

图 4.5　旋转磁场产生过程示意图

由此可见，经过半个周期合成磁场旋转了半圈，若经过一个周期，则合成磁场旋转一圈。

按以上分析可以证明：当三相电流随时间不断变化时，合成磁场的方向在空间也不断旋转，这样就产生了旋转磁场。旋转磁场的旋转速度，即同步转速：

$$n_0 = \frac{60f}{p} \tag{4-2}$$

式中，f 为电源频率 50 Hz；p 为电动机的磁极对数。当电动机的磁极对数为 1 时，同步转速为 3 000 r/min；当电动机的磁极对数为 2 时，同步转速为 1 500 r/min；当电动机的磁极对数为 3 时，同步转速为 1 000 r/min。

三相交流异步感应电动机的转速：

$$n = \frac{60f}{p}(1-s) = n_0(1-s) \tag{4-3}$$

式中，s 为电动机的转差率，$s = \frac{n_0 - n}{n_0}$。

旋转磁场的旋转方向与三相交流电的相序一致，改变三相交流电的相序，即 A-B-C 变为 C-B-A，旋转磁场反向。如果需要改变电动机的转向，任意交换三相电源的两相相序即可。

4.1.3　三相交流异步感应电动机的接线方式

将三相绕组的六个端子引出到电动机的接线盒，如图 4.6 所示。通过接线盒端子上的短接片的不同连接方式，绕组可以接成星形或三角形，如图 4.7 和图 4.8 所示。

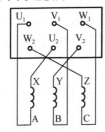 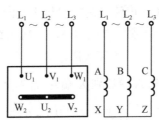 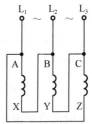

图 4.6　三相交流异步感应电动机端子图　　图 4.7　绕组星形连接　　图 4.8　绕组三角形连接

小思考：

（1）给三相电动机通入三相交流电源，将三相绕组连接成不同的形式，每相绕组承受的电压是多少？

（2）用万用表怎么检查三相电动机绕组的好坏？如果是星形连接，相与相之间的电阻与每相绕组的电阻是什么关系？如果是三角形连接，相与相之间的电阻与每相绕阻的

电阻是什么关系?

注意: 三相绕组连接成星形时,每相绕组承受相电压为 220 V;三相绕组连接成三角形时,每相绕组承受线电压为 380 V。

4.1.4 三相交流异步感应电动机的铭牌数据

图 4.9 所示为三相交流异步感应电动机的铭牌数据实例,铭牌数据一般包括电动机的型号、额定电压、额定电流、额定功率、额定频率、额定转速、绕组的接法、防护等级等。

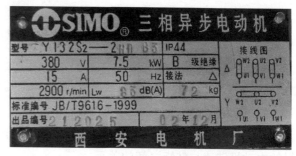

图 4.9 三相交流异步感应电动机的铭牌数据实例

有些参数是需要经过计算才能得到的,如电动机的输入功率:

$$P_1 = \sqrt{3} U_N I_N \cos\phi \qquad (4\text{-}4)$$

式中,U_N 为额定电压;I_N 为额定电流;$\cos\phi$ 为功率因数。

电动机的额定效率:

$$\eta_N = \frac{P_N}{\sqrt{3} U_N I_N \cos\phi} \qquad (4\text{-}5)$$

式中,P_N 为电动机的输出功率,即额定功率;U_N 为额定电压;I_N 为额定电流;$\cos\phi$ 为功率因数。

在额定转速时,电动机的额定转矩:

$$T_N = 9\,550 \frac{P_N}{n_N} \qquad (4\text{-}6)$$

小思考: 根据图 4.9 中的三相交流异步感应电动机的铭牌数据思考:

(1)该电动机有几对磁极?

(2)该电动机的转差率是多少?

(3)该电动机能否采用 Y/△降压启动?

4.1.5 三相交流异步感应电动机的机械特性

电动机的机械特性是指电动机的转速与转矩之间的关系,表示为 $n = f(T)$。

1. 固有机械特性

固有机械特性,也称为自然机械特性,是在额定电压和额定频率下,定子和转子电路中不接任何电阻或电抗时电动机的机械特性。三相交流异步感应电动机的固有机械特性如图 4.10 所示。固有机械特性上有 4 个特殊点:

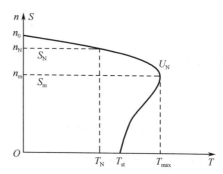

图 4.10 三相交流异步感应电动机的固有机械特性

1）理想空载转速点

$$T = 0, \quad n = n_0, \quad s = 0$$

2）额定工作点

$$T = T_N, \quad n = n_N, \quad s = s_N, \quad \text{此时 } T_N = 9\,550 \frac{P_N}{n_N}。$$

3）启动工作点

$$T = T_{st}, \quad n = 0, \quad s = 1$$

4）临界工作点

$$T = T_{max}, \quad n = n_m, \quad s = s_m$$

2. 人为机械特性

人为机械特性是人为改变电动机的参数，如电源电压、电源频率、绕组的电阻等，获得的电动机转速与转矩之间的关系。

1）降低电压时的人为机械特性

加在电动机的电源电压降低时，电动机的机械特性如图4.11所示。从图中可看出：

（1）电压越低，机械特性曲线越往左移。

（2）电动机的最大转矩和启动转矩会大大降低，电动机带负载的能力会减小。

（3）电压降低，负载转矩不变时，电动机过热。

（4）电压降低太多，电动机将带不动负载（不能启动）。

（5）在相同负载变化时，转速变化增加，机械特性变软。

2）定子电路串入电阻或电抗时的人为机械特性

定子电路串电阻或电抗时的人为机械特性如图4.12中的曲线2所示，图中曲线1为电压降低时的人为机械特性。曲线2与曲线1相比较最大转矩要大一些。

定子电路中串入电阻或电抗时，相当于对绕组进行分压，降低了加在绕组两端的电压，所以定子电路串电阻时的人为机械特性与降低电压时的人为机械特性相似，引起电动机的最大转矩和启动转矩下降，带负载的能力下降，机械特性变软。

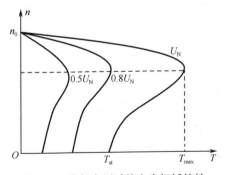

图4.11　降低电压时的人为机械特性

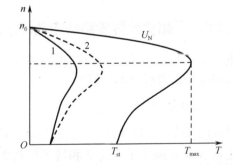

图4.12　定子电路串电阻或电抗时的人为机械特性

3）改变定子电源频率时的人为机械特性

改变定子电源频率时的人为机械特性如图4.13所示。从图中可看出，随着频率的下

降，电动机的最大转矩没有变化，其启动转矩增大，在相同负载变化时，转速波动没有改变。

4）三相线绕式异步电动机转子串电阻时的人为机械特性

绕线式电动机转子串电阻时的人为机械特性如图 4.14 所示。三相转子绕组的电阻为 R_0，通过滑环电刷机构与外接电阻 R_1 相连接，启动转矩增加，理想空载转速和最大转矩不变，但在负载变化相同时，转速波动增大，机械特性变软。

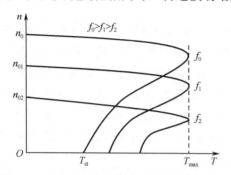
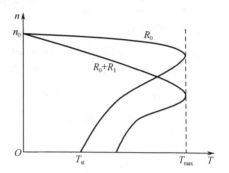

图 4.13　改变定子电源频率时的人为机械特性　　　图 4.14　绕线式电动机转子串电阻时的人为机械特性

4.1.6　三相交流异步感应电动机的调速方法

三相交流电动机的转速方程为 $n = \dfrac{60f}{p}(1-s) = n_0(1-s)$，由此可见，改变电动机的转速可采用以下几种方法。

1. 改变磁极对数 P

它是通过改变定子绕组接线以改变磁极对数来调速的。

2. 改变转差率调速

改变转差率调速常用的是降低定子电压调速、电磁转差离合器调速、绕线式异步电动机转子串电阻调速或串级调速等。

3. 变频调速

变频调速是平滑改变定子供电电压频率而使转速平滑变化的调速方法。从前面电动机的机械特性分析可以看出，变频调速是交流电动机的一种理想调速方法。电动机从高速到低速其转差率都很小，因而变频调速的效率和功率因数都很高。

4.2　三相交流电动机的变频调速原理

4.2.1　变频调速时保持磁通量不变

由三相交流电动机的转速方程可以知道，改变电源频率可以得到连续的速度变化，是保持三相交流电动机性能最好的一种调速方式。变频调速就只是改变加到电动机电源的频率吗？

变频调速在改变频率的同时也需要改变电压的大小，保持 $\dfrac{U}{f}$ 近似为一常数，保持磁通

量 Φ_{m} 为额定值，这是交流变频调速的控制核心。只有保持电动机磁通量恒定才能保证电动机出力，才能获得理想的调速效果。

由电动机学可知，三相交流电动机每相电动势的有效值为

$$E_1 = 4.44 f_1 N_1 k_1 \Phi_{\mathrm{m}} \tag{4-7}$$

式中，E_1 为气隙磁通在定子每相中感应电动势的有效值（V）；N_1 为定子绕组每相串联匝数；k_1 为基波绕组系数；Φ_{m} 为每极气隙磁通量（Wb）。

当电动机确定后，$4.44 N_1 k_1$ 为一常数，用 K_Σ 表示，在变频调速时，若保持 E_1 不变，当频率 f_1 增加时，气隙磁通量 Φ_{m} 减小，此时没有充分利用电动机的铁芯，是一种浪费。根据转矩公式，$T = C_{\mathrm{T}} \Phi_{\mathrm{m}} I_2 \cos \varphi$，电动机因为磁通量的减小而输出转矩下降，如果保持负载转矩不变，势必导致定子、转子过电流，使电动机发热；如果保持 E_1 不变，当频率 f_1 减小时，气隙磁通量增加，引起铁芯过饱和，励磁电流急剧增加，绕组发热增加，功率因数下降，根据转矩公式，$T = C_{\mathrm{T}} \Phi_{\mathrm{m}} I_2 \cos \varphi$，电动机的输出转矩也会下降。所以在变频调速的过程中，改变频率的同时也要改变定子的电动势，使 $\dfrac{E_1}{f_1} =$ 常数，保持磁通量为一常量，该方式称为恒电动势频比控制方式。

绕组中的感应电动势难以直接控制，当电动势值较高时，定子绕组的漏阻抗压降可以忽略不计，即定子的相电压 $U \approx E_1$，使 $\dfrac{U}{f} =$ 常数，该方式称为恒压频比的控制方式。但在低频时，U 与 E_1 都比较低，定子绕组的漏阻抗压降不能忽略，可以人为地把 U 抬高一些，以便近似地补偿定子压降，则得到采用恒压频比控制方式的机械特性，如图 4.15 所示。理论上电压、频率按照 AO 线变化，实际上在低频时需要对电压做一定补偿，使其按照 AB 线变化。

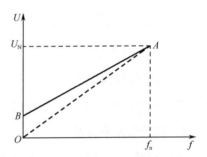

图 4.15　采用恒压频比控制方式的机械特性

4.2.2　基频以上调速

当在额定频率以上进行调速时，频率可以从基频 f_{n} 向上升，但相电压不能增加得比额定电压高，最多只能保持额定电压，输出功率基本不变，所以基频以上的调速称为恒功率调速。但从式 $E_1 = 4.44 f_1 N_1 k_{\mathrm{N1}} \Phi_{\mathrm{m}}$ 可知，磁通量减小相当于直流电动机的弱磁升速的情况，如图 4.16 所示。

4.2.3　基频以下调速

当在额定频率以下调速时，可以按照 $\dfrac{U}{f} =$ 常数，频率减小，相应地减小相电压，磁通量基本恒定。如果电动机在不同转速下都具有额定电流，电动机在温升允许的条件下长期运行，这时的转矩基本随着磁通量的变化而变化，所以基频以下的调速称为恒转矩调速，如图 4.16 所示。

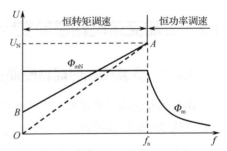

图 4.16　三相交流异步感应电动机变频调速
控制的机械特性

4.3　变频器的工作原理

4.3.1　变频器的结构组成

变频器是将恒压恒频的交流电源转换成频率和电压都连续可调的三相交流电源的装置。变频器通常先将频率和电压固定的交流电源整流成直流电，再把直流电逆变成三相交流电源。变频器的结构组成框图如图 4.17 所示。

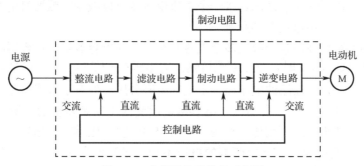

图 4.17　变频器的结构组成框图

变频器一般由整流电路、滤波电路、制动电路、逆变电路及控制电路 5 部分组成。整流电路、滤波电路、制动电路和逆变电路构成了变频器的主回路，变频器的主回路电气原理图如图 4.18 所示。

扫一扫下载变频器主回路电气原理 CAD 原图

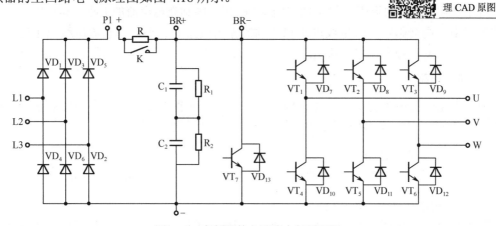

图 4.18　变频器的主回路电气原理图

1. 整流电路

变频器的端子 L1、L2、L3 或 R、S、T 是电源输入端子。整流部分通常由二极管或晶闸管构成的桥式电路组成，将交流电源变成直流电。在我国，小功率的变频器一般用单相 220 V 交流电源输入，较大功率的变频器一般用三相 380 V 的交流电源输入。整流电路一般采用整流桥模块，图 4.19 所示为整流桥模块。

图 4.19　整流桥模块

2. 滤波电路

一般用电容或电感滤波，用电容滤波构成电压源型变频器，用电感滤波构成电流源型变频器。

图 4.18 中的 P1 和+端子之间通常用连接片短接在一起，如果需要外接直流电抗器，则将该连接片断开，将直流电抗器连接在这两个端子之间。该直流电抗器的作用如下。

（1）滤波，让整流后的电流更平直。

（2）抑制干扰。变频器的输出是一系列的矩形波，包含很多高次谐波，高次谐波是一个巨大的干扰源，P1 和+端子之间连接一个直流电抗器可以减少变频器对电网的干扰，减少对连接在该电源上其他用电设备的影响。

图 4.18 中电容 C_1 和 C_2 一般是多个电容并在一起的电容器组，电容器组串联在一起。当三相电压值为 AC 380 V 时，三相整流桥输出的电压 $U=1.35\times U_L=513$ V，而单个电容的耐压值一般为 400 V，所以滤波电路让多个电容串联分压。但对于直流电路而言，几个电容串联后，电容两端的电压并不会均压，电容两端承受的电压是随机的，所以在每个串联的电容旁边并联相同的电阻起到均压的作用，图 4.18 中电阻 R_1 和 R_2 称为均压电阻。若某一个均压电阻损坏，则可能引起电容两端的电压不均而导致电容两端承受的电压超过其耐压值，损坏电容。该电容的作用如下。

（1）滤波，让整流输出的直流电压更平直。

（2）储能。当在工作中遇到重负载时，电容储能会为负载提供多余的能量。

在变频器输入电源的瞬间，整流桥输出的直流电为电容充电，此时电容的充电电流很大，可能导致整流桥的损坏。图 4.18 中电阻 R 可以限制充电电流的大小。该电阻若一直连接在电路中，则会影响直流母线电压和变频器输出电压的大小。当直流母线电压达到一定值时，短路开关 K 接通，将限流电阻 R 短接。短路开关一般由晶闸管或继电器触点构成。

3. 逆变电路

逆变电路一般由大功率的晶体管构成，将直流电转换成电压和频率均可连续变化的交流电，从端子 U、V、W 输出供给电动机。一般逆变桥有下列器件。

1）功率三极管（GTR）

图 4.20 所示为单桥 GTR 模块的实物图。用两个单桥 GTR 模块可以组成一个逆变桥。

2）绝缘栅极晶体管（IGBT）

图 4.21 所示为单桥 IGBT 模块的实物图。用两个单桥 IGBT 模块可以组成一个逆变桥。

图 4.20　单桥 GTR 模块的实物图

图 4.21　单桥 IGBT 模块的实物图

3）IPM 模块（智能功率模块）

图 4.22 所示为 IPM 模块的实物图。

4）PIM 模块（功率集成模块）

图 4.23 所示为 PIM 模块的实物图。

图 4.22　IPM 模块的实物图

图 4.23　PIM 模块的实物图

4. 制动电路及制动电阻

在图 4.18 中，制动电路由晶体管 VT_7 与端子 BR+和 BR-之间外接制动电阻构成，制动时，电动机转子的动能转变为电能，制动电阻消耗这部分电能保持直流母线电压不超过其最大值。

5. 控制电路

控制电路对主回路进行控制，主要根据输入命令，控制逆变电路的晶体管的导通时间、导通顺序，从而让变频器输出频率和电压均连续可变的交流电。

变频器的控制命令可以从变频器面板键盘输入，实现就地控制，也可以从变频器的外接控制端口输入，实现远程控制。在数控机床上，由数控系统输出 0～10 V 的速度信号及电动机的正反转信号。

图 4.24 所示为 ABB 公司生产的一款变频器的接线端子，下面一排是主回路的接线端子，上面一排是外接控制信号的接线端子。

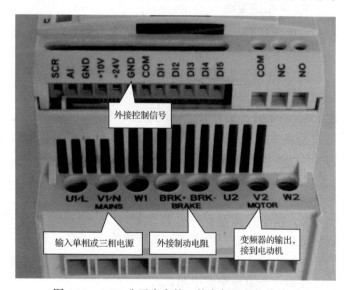

图 4.24　ABB 公司生产的一款变频器的接线端子

6. 变频器实物

图 4.25 所示为变频器实物，图 4.25（a）所示为西门子 MM420 变频器，图 4.25（b）所示为三菱 FR-S500 变频器，图 4.25（c）所示为 ACS150 变频器。

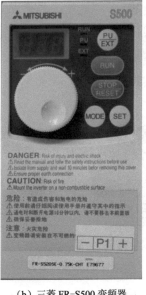

（a）西门子 MM420 变频器　　　（b）三菱 FR-S500 变频器　　　（c）ACS150 变频器

图 4.25　变频器实物

4.3.2　逆变电路的工作原理

逆变电路是变频器的关键部分，逆变电路是怎么将直流电变成交流电的呢？

1. 单相逆变桥

首先，什么是交流电？交流电是大小和方向随时间呈周期性变化的电流或电压。先看下面的例子。

图 4.26 所示为单相逆变桥工作原理，当 S1、S4 两个开关闭合，S2、S3 两个开关断开时，直流电流流过负载的方向是从 a 到 b；当 S1、S4 两个开关断开，S2、S3 两个开关闭合时，直流电流流过负载的方向是从 b 到 a，由此可以看出 S1~S4 四个开关按照一定顺序通

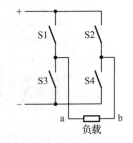

图 4.26　单相逆变桥工作原理

断，负载获得了交变的电流，在负载的 ab 两端，获得了交流电源 u_{ab}。

可见，S1~S4 四个开关按照一定规律通断，就可将直流电源变成交流电源从 ab 两端输出，获得一个单相交流电源 u_{ab}。

当控制 S1~S4 四个开关闭合或断开的时间时，单相逆变桥频率变化波形图如图 4.27 所示，得到不同频率的电源。

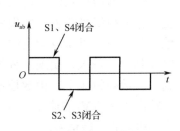

扫一扫下载单相
逆变桥工作原理
CAD 原图

扫一扫下载单相
逆变桥频率变化
波形 CAD 原图

2. 三相逆变桥

三相逆变桥与单相逆变桥相似，增加了两个开关，如图 4.28 所示，控制 S1~S6 六个开关的通断顺序及时间，即可将直流电源变成电压和频率连续可调的三相交流电源。

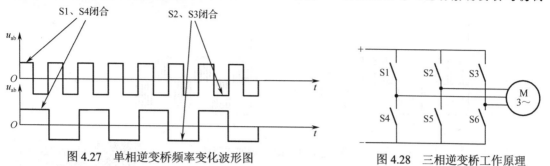

图 4.27　单相逆变桥频率变化波形图　　　　　图 4.28　三相逆变桥工作原理

在实际工程中，S1～S6 六个开关用六个晶体管，可以让其通断的频率更快。由于六个晶体管要承受大电流及工作在较高的频率下，发热量大，晶体管需要散热，故将其紧贴在散热器上，以利于晶体管散热。三相逆变桥使用的器件参见 4.3.1 中有关变频器逆变电路的介绍。

扫一扫下载三相逆变桥工作原理 CAD 原图

4.3.3　恒压频比的变频调速

由三相电动机变频调速原理的分析可知，变频器在变频调速时重要的是变压变频（Variable Voltage Variable Frequency，VVVF），保持电动机的磁通量为恒定值。实现变压变频一般有以下方法：脉冲宽度调制（Pulse Width Modulation，PWM）和正弦波脉宽调制（Sinusoidal Pulse Width Modulation，SPWM）。

1. 冲量面积等效原理

在控制理论中有一个重要结论，冲量（窄脉冲的面积）相等而形状不同的窄脉冲加在具有惯性的环节上时，其效果基本相同。图 4.29 中面积相等的不同形状的窄脉冲加在具有惯性的环节上（电感负载、电容负载），它们的效果基本相同。无论是正弦半波还是矩形脉冲，只要面积相等，将其输入电动机的绕组上，效果是一样的，这是 PWM 和 SPWM 控制的重要理论基础。

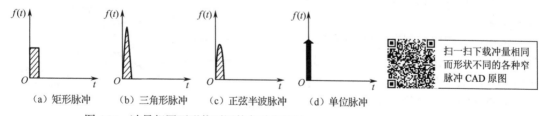
（a）矩形脉冲　　　（b）三角形脉冲　　　（c）正弦半波脉冲　　　（d）单位脉冲

扫一扫下载冲量相同而形状不同的各种窄脉冲 CAD 原图

图 4.29　冲量相同而形状不同的各种窄脉冲

2. PWM

PWM 变频调速是用一系列等幅等宽的脉冲序列来获得不同频率不同电压的变频调速方法。PWM 变频调速原理如图 4.30 所示。若整流后的电压为 u_s，经 PWM 后，输出的电压 $u_d = \dfrac{t_{on}}{t_{off} + t_{on}} u_s$，在图 4.30（a）、图 4.30（b）中，脉冲宽度相同，t_{on} 相同，而图 4.30（a）中的 $t_{off} + t_{on}$ 是图 4.30（b）中的两倍，则图 4.30（a）中的电压 u_d 及频率均是图 4.30（b）中的 $\dfrac{1}{2}$，从而保证了 $\dfrac{U}{f} =$ 常数。

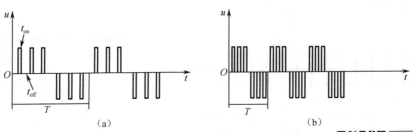

（a）　　　　　　　　　　　　（b）

图 4.30　PWM 变频调速原理

3. SPWM

将一个正弦半波分为 N 等份，并把正弦曲线每一等份所包围的面积都用一个与其面积相等的等幅矩形脉冲来代替，可以得到 N 个等幅而不等宽的脉冲序列，如图 4.31 所示。N 个脉冲对应一个正弦波的半周，对正负半周都这样处理，可得到相应的 2N 个脉冲，这样就得到宽度按正弦规律变化的脉冲序列，简称为 SPWM 波。按这种原理生产的变频器为 SPWM 变频器。

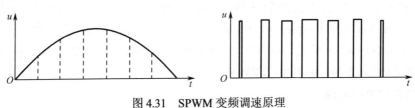

图 4.31　SPWM 变频调速原理

从图 4.30、图 4.31 中可以看出，按照 $\dfrac{U}{f}$ 控制方式的变频器输出的电压波形是一系列的矩形波，并不是标准的三相正弦交流电，特别是在低频时存在谐波损耗，转矩出现脉动，转矩输出减小，调速范围受到限制。

采用恒压频比控制方式进行变频调速时交流电动机的机械特性如图 4.32 所示。从图中可看出，变频调速时，电动机的机械特性硬度基本保持不变。在基频以下调速时，在一定范围内，电动机的启动转矩增大，最大转矩基本保持不变，电动机带负载的能力基本不变。

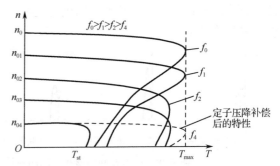

图 4.32　采用恒压频比控制方式进行变频调速时
交流电动机的机械特性

但在低频时，如图中频率为 f_4 时，电动机输出转矩减小了。

4.3.4　矢量控制方式的变频调速

我们知道直流电动机有两个绕组：励磁绕组和电枢绕组，它们是相互独立的，在空间上互差 90°，控制励磁绕组中的电流 I_f 可以控制磁通，控制电枢绕组中的电流 I_a 可以控制转矩，直流电动机的机械特性呈线性关系，具有良好的调速性能。

根据直流电动机的特点，我们将三相交流电动机定子侧电流在理论上分解成建立磁场的励磁分量和产生转矩的转矩分量两个正交矢量分别控制。用这种控制方式的变频器可以让交流电动机获得与直流调速类似或更加优越的性能，还可以提高低频时的输出转矩。

4.4　变频器的应用

4.4.1　变频器的类型

1. 根据变流环节分类

1）交-直-交变频器

交-直-交变频器先将频率固定的交流电整流成直流电，再把直流电逆变成频率可变的交流电，频率变化范围不受限制。大多数变频器属于此类。

2）交-交变频器

交-交变频器把频率固定的交流电直接变成频率连续可调的交流电，只需一次电能转换，效率高，工作可靠，但是频率的变化范围有限，一般最高频率小于电网频率的 1/2。该类变频器只在低转速、大容量的系统中应用，如轧钢机、水泥回转窑等系统。

2. 根据直流电路的滤波方式分类

1）电压源型变频器

在逆变器前使用大电容来缓冲无功功率，直流电压波形比较平直，相当于一个在理想情况下内阻抗为零的恒压源。对负载电动机来说，变频器是一个交流电源，在不超过其容量的情况下，变频器可以驱动多台电动机并联运行。

2）电流源型变频器

在逆变器前使用大电感来缓冲无功功率，直流电流波形比较平直；其突出特点是容易实现回馈制动，调速系统动态响应快。适用于频繁急加速的大容量电动机的传动系统。

3. 根据控制方式分类

1）$\dfrac{U}{f}$ 控制

改变电压改变频率（Variable Voltage and Variable Frequenly，VVVF），使电动机的 $\dfrac{U}{f}$ = 常数，保持磁通恒定。该控制方式多用于通用变频器，如风机和泵类机械的节能运行、生产流水线的传送控制和空调等家用电器。这类变频器有以下特点。

（1）最简单的一种控制方式，不用选择电动机，通用性优良。

（2）与其他控制方式相比，在低速区内电压调整困难，即调速范围窄，通常在 1∶10 左右的调速范围内使用。

（3）急加速、急减速或负载过大时，抑制过电流能力有限。

（4）不能精确地控制电动机的实际速度，不适合用于同步运转场合。

2）矢量控制

矢量控制（Vector Control，VC）变频调速，使交流异步电动机具有与直流电动机相同的控制性能。这类变频器有以下特点：

（1）需要使用电动机参数，一般用作专用变频器。

（2）调速范围在 1∶100 以上。

（3）速度响应性极高，适合急加速、急减速运转和连续四象限运转，适用于任何场合。

3）直接转矩控制

直接转矩控制（Direct Torque Control，DTC）变频调速，是继矢量控制技术之后又一新型的高效变频调速技术。它不是控制电压、电流等物理量，而是把转矩作为被控制变量。

4. 根据输入电源的相数分类

1）单相变频器

单相变频器输入端为单相交流电，输出端为三相交流电。适用于功率较小的变频器。

2）三相变频器

三相变频器的输入端和输出端均为三相交流电，大多数变频器都是这种三进/三出型。

4.4.2　变频器的主要技术参数

1. 输入侧

1）额定工作电压

给变频器供电的额定工作电压，各个国家不完全一样。中国是 220 V/单相/50 Hz 或 380 V/三相/50 Hz。

2）电压允许波动

电压允许波动限制变频器的最高和最低工作电压，避免损坏变频器，当电压超过最高值时变频器没有保护能力。

3）频率波动范围

根据各国电网的不同，频率一般为 $50×(1±5\%)$ Hz 或 $60×(1±5\%)$ Hz。

2. 输出侧

1）额定电压

因为变频器的输出电压是随频率的变化而变化的，所以规定变频器的最大输出电压为额定输出电压。

2）额定电流

额定电流为允许长时间通过变频器的最大电流，是用户选择变频器容量的主要依据。

3）额定容量

额定容量由额定输出电压和额定输出电流的乘积决定。

4）配用电动机容量

配用电动机容量指在带动连续不变负载的情况下，能够配用的最大电动机容量。

5）输出频率范围

输出频率范围指输出频率的调节范围。

6）频率精度

频率精度指输出频率的准确度（相对于设定频率）。

7）频率分辨率

频率分辨率指给定运行频率的最小改变量。

3. 变频器铭牌实例

图 4.33 所示为一台西门子 G110 系列变频器的铭牌实例。

订货号：6SL3211-0AB17-5UA0。

输入电源：单相 200～240 V，电压波动±10%，10 A，频率范围为 47～63 Hz。

输出电源：三相 0～230 V，3.9 A，频率调节范围为 0～650 Hz。

配用电动机功率：0.75 kW。

环境温度：−10～+40 ℃。

防护等级：IP20。

图 4.33　一台西门子 G110 系列变频器的铭牌实例

4.4.3　变频器的选用

变频器的选用主要包括种类选择和容量选择两大方面。

1. 变频器种类选择

1）通用型变频器

通用变频器是按 $\dfrac{U}{f}$ 恒压频比控制方式的变频器，实现一般性能的调速，成本较低，使用较为广泛。

2）高性能变频器

高性能变频器采用矢量控制方式或直接转矩控制方式，可实现高性能的调速，适用于对调速性能要求高的场合。

3）专用变频器

专用变频器是专门针对某种类型的机械而设计的变频器，如风机、泵用变频器，电梯专用变频器，起重机械专用变频器，张力控制专用变频器等。专用变频器还有伺服型、高压型等。

2. 容量选择

容量选择归根到底是选择变频器的额定电流，总的原则是变频器的额定电流一定要大于拖动系统在运行过程中的最大电流。容量选择时考虑以下情况。

（1）变频器驱动一台电动机还是多台？

（2）电动机直接在额定电压、额定频率下启动，还是软启动？

（3）驱动多个电动机时，电动机同时启动还是分别启动？

（4）大多数情况下用变频器驱动单一的电动机时是软启动，这时变频器的额定电流选择为电动机额定电流的 1.05～1.1 倍。

（5）当驱动多台电动机时，多数情况下电动机也是分别进行软启动，这时变频器额定电流选择为多个电动机中的最大额定电流的 1.05～1.1 倍。

工程上快速选择变频器，一般根据变频器驱动的电动机的功率选择，要求变频器的功率不小于电动机的功率。

3. 其他因素的考虑

选择变频器时还需要考虑以下几方面因素。

（1）工作电压。

（2）使用环境：室内还是户外？使用环境的温度范围？是否有可燃气体、粉尘？是否需要防爆隔爆？

（3）变频器配件的选择。

对于变频器的配件选配，必须要把握以下几个原则。

① 以下情况要选用交流输入电抗器、直流电抗器。

民用场合，如宾馆中央空调、电动机功率大于 55 kW 以上的场合；电网品质恶劣的场合；如不选用可能会造成干扰、三相电流偏差大，变频器频繁停机。

② 变频器到电动机线路超过 100 m 一般要选用交流输出电抗器。

③ 以下情况一般要选用制动单元和制动电阻。

提升负载；频繁快速加减速；大惯量（自由停车需要 1 min 以上，恒速运行电流小于加速电流的设备）。

4.4.4　西门子 G110 变频器的原理框图与端子功能

西门子 G110 系列变频器是西门子公司生产的一款小型通用变频器，输入电源为单相 200～240 V，频率为 47～63 Hz，功率为 0.12～3.0 kW。该变频器非常适合小型自动控制系统。G110 变频器原理框图如图 4.34 所示，G110 变频器端子功能如表 4.1 所示。

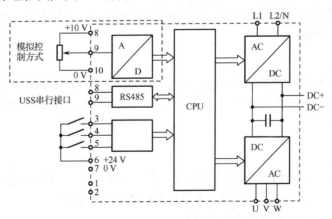

图 4.34　G110 变频器原理框图

表 4.1　G110 变频器端子功能

端　　子	功 能 说 明
主回路	
L1，L2/N	输入电源，单相电源 200～240 V，50 Hz 或 60 Hz（根据 DIP 开关设置）
U，V，W	输出电源，连接到三相交流电动机
DC+，DC−	直流输出端
控制回路	
1	数字输出−
2	数字输出+
3	数字输入 1
4	数字输入 2
5	数字输入 3
6	电源输出 DC+24 V
7	电源输出 DC0 V
8	模拟控制方式时，输出+10 V；USS 控制方式时，RS485，P+
9	模拟控制方式时，ADC 输入；USS 控制方式时，RS485，N−
10	输出 0 V

　　变频调速系统在现在的自动控制系统中得到广泛应用，下面以西门子 G110 变频器为例，介绍变频器在实际工程中的几种应用案例。

典型案例 1　用简单低压电器作控制元件实现变频调速

　　条件：用一个选择开关作方向信号选择，用一个电位器作速度给定信号。

　　这是变频调速系统最简单的一种应用情境。低压电器实现变频调速案例如图 4.35 所示。合上断路器 QF，电源输入到变频器，电位器 RW 接到变频器的 8、9、10 号端子，调节电位器的旋钮，可以使 9 号引脚电压在 0～10 V 之间变化，从而改变电动机的速度。选择开关 SA 置于中间位置，变频器停止输出，选择开关接通 6-3 或 6-4，电动机正转或反转。变频器通电后，完成变频器参数设定表，如表 4.2 所示。

　　该方式适合简单的变频调速系统，对电动机手动调速。

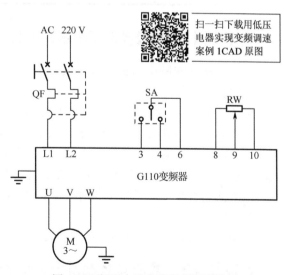

扫一扫下载用低压电器实现变频调速案例 1CAD 原图

图 4.35　低压电器实现变频调速案例

表4.2 变频器参数设定表

序　　号	参　数　号	设　定　值	说　　明
1	P0003	3	设置为专家访问级
2	P0100	0	电动机基本频率和功率单位设置值。0：欧洲[kW]，50 Hz；1：北美[hp]，60 Hz；北美[kW]，60 Hz
3	P0304		电动机额定电压，根据电动机铭牌值设定
4	P0305		电动机额定电流，根据电动机铭牌值设定
5	P0307		电动机额定功率，根据电动机铭牌值设定
6	P0308		电动机额定功率因数，如果设置为0，变频器自动计算
7	P0309		电动机额定效率，如果设置为0，变频器自动计算
8	P0310		电动机额定频率，根据电动机铭牌值设定
9	P0311		电动机额定速度，根据电动机铭牌值设定
10	P0335		电动机冷却。0：自冷；1：强制冷却
11	P0640	150%	电动机的过载因子
12	P0700	2	选择命令信号源，由端子输入
13	P0701	1	设置控制端子3与6接通时，电动机正转
14	P0702	2	设置控制端子4与6接通时，电动机反转
15	P1000	2	选择频率设定值为模拟设定值
16	P1080	5 Hz	最低频率
17	P1082	50 Hz	最高频率
18	P1120	5 s	斜坡上升时间
19	P1121	5 s	斜坡下降时间

典型案例2　用较多低压电器作控制元件实现变频调速

条件：按钮控制电动机正转、反转、停止，电位器控制速度信号，继电线路实现变频器对电动机的控制。

用低压电器继电线路实现变频调速案例如图4.36所示。按下SB1按钮，继电器KA1线圈得电，其常开触点闭合，变频器6-3接通获得正转信号；按下SB3，停止；按下SB2，继电器KA2线圈得电，其常开触点闭合，变频器6-4接通获得反转信号。调节电位器的旋钮，可以使9号引脚电压信号在0～10 V之间变化，从而改变电动机的速度。

该方式适合手动调节电动机速度，因为增加了中间继电器，增加了布线工作量，所以在实际工作中很少被采用。

变频器通电后，参照表4.2设置参数。

扫一扫下载用低压电器继电线路实现变频调速案例2CAD原图

典型案例3　用PLC控制系统实现变频调速

条件：按钮控制电动机正转、反转、停止，电位器控制速度信号，西门子 S7-200 PLC用作控制器，实现变频器对电动机的调速。

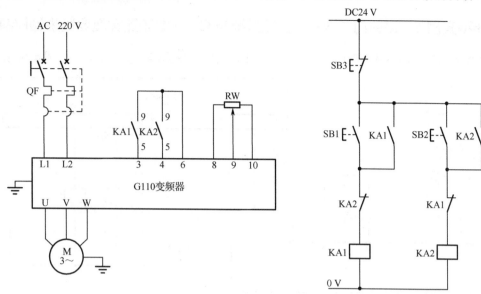

图 4.36　用低压电器继电线路实现变频调速案例

变频器主回路接线与图 4.36 相同，控制电路如图 4.37 所示。按下 SB1，通过 PLC 内部编写好的程序，Q0.0 输出高电平，继电器 KA1 线圈得电，其常开触点闭合，变频器 6-3 接通获得正转信号；按下 SB3，停止；按下 SB2，PLC 的 Q0.1 输出高电平，继电器 KA2 线圈得电，其常开触点闭合，变频器 6-4 接通获得反转信号。调节电位器的旋钮，可以使 9 号引脚电压信号在 0～10 V 之间变化，从而改变电动机的速度。

该方式在控制系统中被广泛采用，用电位器可以手动调节速度，如果需要自动调节电动机速度，需要 PLC 增加模拟量输出模块。

变频器通电后，参照表 4.2 设置参数。

PLC 通电后，编写如下程序下载到 PLC 中。

扫一扫下载用 PLC 控制系统实现变频调速案例 CAD 原图

网络 1　网络标题
网络主释

```
     I0.0      I0.2      Q0.1      Q0.0
 ─┤├──────┤├──────┤/├────( )
     Q0.0
 ─┤├─
```

网络 2　网络标题
网络主释

```
     I0.1      I0.2      Q0.0      Q0.1
 ─┤├──────┤├──────┤/├────( )
     Q0.1
 ─┤├─
```

图 4.37　用 PLC 控制系统实现变频调速

典型案例 4　用西门子 802C 数控系统与 G110 变频器实现变频主轴控制

数控机床的数控系统为西门子 802C，用西门子 G110 变频器作主轴驱动，如图 4.38 所示。

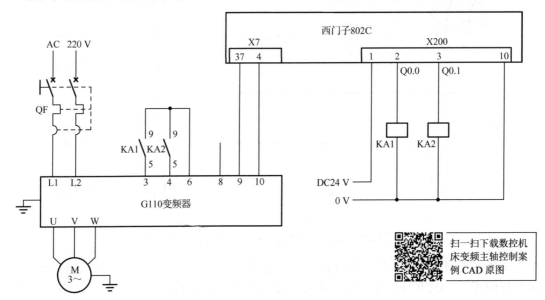

图 4.38　数控机床变频主轴控制案例

　　手动方式下，按下数控系统面板的主轴正转按钮，系统的 PLC 输出端口 X200 的 Q0.0 输出高电平，继电器 KA1 线圈得电，其常开触点闭合，变频器 6-3 接通获得正转信号；按下停止按钮，主轴停止；按下主轴反转按钮，系统的 PLC 输出端口 X200 的 Q0.1 输出高电平，继电器 KA2 线圈得电，其常开触点闭合，变频器 6-4 接通获得反转信号。按照数控系统内部设定的速度参数，端口 X7 的引脚 37 和引脚 4 输出 0～10 V 的相应电压信号，变频器获得速度给定信号，变频器输出相应频率的三相交流电，主轴电动机按照相应的速度旋转。

　　在自动方式或 MDA 方式下，变频器的正转、反转、停止信号分别由指令 M03、M04、M05 决定，速度信号由指令 S 决定。

　　变频器通电后，参照表 4.2 设置变频器相关参数。系统上电后需要完成有关主轴控制的相关参数设置。西门子 802C 数控系统有关主轴控制参数表如表 4.3 所示，主要参数根据具体情况设定。

表 4.3　西门子 802C 数控系统有关主轴控制参数表

序号	参 数 号	设 定 值	说　　明
1	14512[4]	FFH	定义 Q0.0、Q0.1 输出有效
2	14512[6]	00H	定义 Q0.0、Q0.1 输出高电平有效
3	14512[11]	08H	定义主轴控制有效
4	30130	1	定义有模拟量输出
5	30134	1 或 2	定义单极性主轴
6	32260		主轴额定转速

续表

序号	参 数 号	设 定 值	说　　明
7	35110		主轴换挡最大速度
8	35130		主轴各挡最大速度
9	36200		主轴各挡最大监控速度
10	36300		主轴监控频率
11	31050		主轴各挡变比（电动机端）
12	31060		主轴各挡变比（主轴端）
13	32020		主轴点动速度

小思考：如果数控系统是发那科 0i-TD，用 G110 变频器作主轴驱动，数控系统与变频器应该怎么连接？

思考与练习题 4

扫一扫看思考与练习题 4 参考答案

1. 简述三相交流异步感应电动机的结构组成。
2. 简述三相交流异步感应电动机的工作原理。
3. 图 4.39、图 4.40 所示为三相交流异步感应电动机的铭牌数据实例，讨论以下问题。
（1）这两台电动机同步转速各是多少？各有几对磁极？各自的转差率是多少？
（2）这两台电动机能否采用 Y/△ 降压启动？

扫一扫下载变频器主回路原理参考图 CAD 原图

（3）这两台电动机应该如何接线？

图 4.39　三相交流异步感应电动机的铭牌数据实例 1

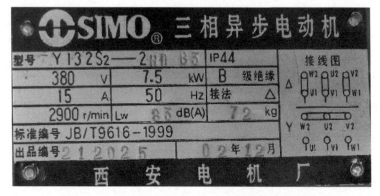

图 4.40　三相交流异步感应电动机的铭牌数据实例 2

4．写出三相交流异步感应电动机的转速方程，三相交流异步感应电动机有哪些调速方法？工程中常采用哪种调速方法？

5．三相交流异步感应电动机变频调速时为什么改变频率的同时要改变电压？

6．什么是恒压频比控制方式？

7．恒压频比控制方式适合基频以_____调速，基频以下的调速称为_____调速，基频以上的调速称为_____调速。

8．变频器的作用是什么？

9．变频器一般由_____、_____、_____、_____及_____5部分组成。

10．什么是冲量面积等效原理？

11．什么是PWM？

12．什么是SPWM？

13．变频器有哪些类型？

14．选择变频器主要考虑哪些方面的因素？

15．如果使用发那科0i-TD系列数控系统，使用G110变频器，设计变频主轴控制系统的电气原理图。

16．为抑止变频器的干扰，使用变频器时应采取哪些抗干扰措施？

实训任务4 变频主轴控制系统设计、安装与调试

1. 实训目的

扫一扫看西门子802C简明安装调试手册

（1）了解数控机床变频主轴电气控制系统的安装调试过程。

（2）掌握三相交流异步感应电动机好坏的检测方法。

（3）掌握变频器的应用。

扫一扫看SINAMICS G110变频器操作说明书

（4）理解三相交流电动机的变频调速原理。

（5）掌握变频器主回路好坏的检测方法。

（6）能正确阅读技术手册。

2. 任务说明

数控系统使用西门子 802C，主轴驱动器使用 G110 变频器，主轴的电动机功率为1.1 kW，完成以下任务。

（1）设计出变频主轴控制系统电气原理图。

（2）完成相应参数的设置，实现主轴速度调节功能。

（3）完成相应数据的测量，理解变频调速原理。

在实际任务实施过程中，可以根据现场实际使用的数控系统和变频器做出相应的调整。

3. 变频主轴控制系统电气原理图设计

（1）搜集西门子802C数控系统和G110变频器的技术手册。

（2）根据西门子 802C 数控系统和 G110 变频器的技术手册，进行电路设计。在阅读技术手册进行电路设计的过程中，可以按以下思路进行。

① 变频器和数控系统的输入电源是多少？如何给变频器与数控系统供电？

● 根据变频器的输入规格选择正确的输入电源。

● 变频器输入侧采用断路器（不宜采用熔断器）实现保护，其断路器的额定电流应按变频器的额定电流来选择。

② 变频器与主轴电动机怎么连接？

● 在实际接线时，决不允许将变频器的电源线接到变频器的输出端。如果接反会烧毁变频器。

● 变频器输出端直接与电动机相连，不需要通过接触器和热继电器。

③ 数控系统发出的信号怎么与变频器连接？

● 主轴的速度信号从数控系统哪里发出？从变频器哪里输入？

● 主轴的正反转信号从哪里发出？从变频器哪里输入？

● 主轴有无反馈信号？连接到数控系统的哪里？

设计出的变频主轴控制系统电气原理图如下：

4．元器件检测

安装前对断路器、继电器、变频器、三相交流异步感应电动机进行检测。

1）三相交流异步感应电动机的检测

（1）用万用表测量三相绕组的电阻值，填入表 4.4 中。万用表测得的三个数据应相等，电动机功率越大，电阻值越小。

表 4.4　三相绕组电阻测量表

电　阻	U 相	V 相	W 相

（2）用兆欧表测量三相绕组之间的绝缘电阻值，填入表 4.5 中。正常情况下兆欧表读数应该大于 0.5 MΩ。

表 4.5　三相绕组绝缘电阻值测量表

绝缘电阻	U—V	U—W	V—W

（3）用兆欧表测量三相绕组与外壳之间的绝缘电阻值，正常情况下兆欧表读数应该大于 0.5 MΩ。

（4）用手转动电动机转轴，应该能轻松地旋转。

2）变频器的检测

变频器主要对主回路的整流桥和逆变桥进行检测，变频器主回路原理参考图如图 4.41 所示，参考该图可用万用表按以下方法检测。

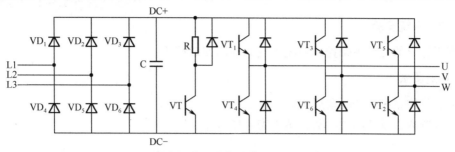

图4.41 变频器主回路原理参考图

（1）整流桥检测：按照表4.6和4.7检测整流桥二极管 $VD_1 \sim VD_6$ 的好坏。

表4.6 二极管正向导通测试

二极管	VD_1	VD_2	VD_3	VD_4	VD_5	VD_6
黑表笔	DC+	DC+	DC+	L1	L2	L3
红表笔	L1	L2	L3	DC−	DC−	DC−
导通与否						

表4.7 二极管反向截止测试

二极管	VD_1	VD_2	VD_3	VD_4	VD_5	VD_6
红表笔	DC+	DC+	DC+	L1	L2	L3
黑表笔	L1	L2	L3	DC−	DC−	DC−
导通与否						

如果二极管具备正向导通、反向截止的特性，可认为整流桥正常。

（2）逆变电路检测：因为每只晶体管与旁边的二极管在同一个模块上，可按照表4.8和表4.9测量续流二极管的正向导通和反向截止特性来判断逆变电路是否正常，如果续流二极管损坏，$VT_1 \sim VT_6$ 损坏的概率也很大，实际工作中可用该方法判断逆变电路是否正常。

表4.8 续流二极管的导通性能测试

续流二极管	VT_1	VT_3	VT_5	VT_4	VT_6	VT_2
黑表笔	DC+	DC+	DC+	U	V	W
红表笔	U	V	W	DC−	DC−	DC−
导通与否						

表4.9 续流二极管的截止特性测试

续流二极管	VT_1	VT_3	VT_5	VT_4	VT_6	VT_2
红表笔	DC+	DC+	DC+	U	V	W
黑表笔	U	V	W	DC−	DC−	DC−
导通与否						

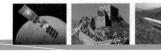

5. 控制系统安装

根据设计出的变频主轴控制系统电气原理图安装接线。

6. 功能调试

（1）为数控系统和变频器通电。

（2）设置数控系统相关参数，填入表4.10中。

表4.10　数控系统参数设定表

序　号	参　数　号	参　数　功　能	设　定　值
1	14510		
2	14512		
3	30130		
4	30134		
5	30200		
6	32260		
7	36200		
8	36300		
9	35010		
10	35110		
11	35130		
12	31050		
13	31060		
14	32020		
15			
16			
17			
18			
19			
20			

（3）设置变频器相关参数：将电动机的额定电压、额定电流、额定功率、额定转速、命令信号源、最高频率、正反转功能设定等参数设置到变频器参数中，填入表4.11中。

表4.11　变频器参数设定表

序　号	参　数　号	参　数　功　能	设　定　值
1			
2			
3			
4			
5			
6			

续表

序号	参 数 号	参 数 功 能	设 定 值
7			
8			
9			
10			
11			
12			
13			
14			
15			
16			
17			
18			
19			
20			

（4）功能检查：按照表4.12中的项目检查主轴的功能。

表4.12 主轴功能检查表

序号	项 目	检 查 结 果
1	主轴正转	
2	主轴反转	
3	主轴停止	
4	改变速度给定信号	

7. 变频调速系统现象观察及数据测试

（1）设置命令信号源（参数 P0700=1）为变频器面板控制；按"JOG"按钮，观察电动机的运行情况。

（2）修改 P1058 和 P1060 参数，按"JOG"按钮，观察电动机的运行情况。

（3）将变频器命令信号源（参数 P0700=2）设置为端子控制，在数控机床的操作面板上选择 MDA 方式，按下表的程序指令在数控系统中输入指令，并执行该指令，用万用表分别测量变频器的速度给定电压、变频器的输出电压，用转速表测量主轴实际转速，记录变频器显示的频率，填入表 4.13 中。

表 4.13　变频器性能测试表

程序指令	变频器的速度给定电压	频率	变频器的输出电压	主轴实际转速
M03S100				
M03S200				
M03S500				
M03S800				
M03S1000				
M03S1200				
M03S1400				

（4）根据表 4.13 中的数据，分析变频器的速度给定电压、频率、变频器的输出电压、主轴实际转速之间的关系。

在任务实施过程中遇到的问题及处理方法：

项目 5

数控机床进给伺服系统的结构组成认识

学习任务	根据进给轴的运动特点及要实现的功能，学习数控机床对进给轴的控制要求、数控机床进给轴的传动形式、数控机床进给伺服系统配置方案及其各自的应用场合
学前准备	1. 查阅资料，了解进给轴的功能； 2. 查阅资料，了解进给轴的传动形式； 3. 查阅资料，了解进给轴的不同配置方案
学习目标	1. 了解数控机床对进给轴的控制要求； 2. 了解数控机床进给轴的传动形式； 3. 掌握数控机床进给伺服系统配置方案及其各自的应用场合

前面讲述的主轴电气传动带着工件或刀具做旋转运动。数控机床还有另一类运动：带动装有工件的工作台或装有刀具的刀架沿各坐标轴移动，或绕着某个坐标轴旋转一定的角度，这类运动称为机床的进给运动。数控机床的基本轴是 X、Y、Z 轴，平行于基本轴 X、Y、Z 轴的辅助轴分别称为 U、V、W 轴，绕着基本轴 X、Y、Z 轴旋转的进给轴分别称为 A、B、C 轴。通过各进给轴的综合联动，刀具相对于工件产生复杂的曲线轨迹，数控机床加工出所要求的复杂形状的工件。

 扫一扫看项目 5 教学课件

 扫一扫学习行业榜样——全国青年岗位能手马刚星

5.1 进给伺服系统的组成

驱动各加工坐标轴运动的传动装置称为进给伺服系统，它包括机械传动部件、产生主动力矩的电动机及控制进给伺服系统运动的各种驱动装置。进给伺服系统是数控装置与机床本体电传动联系的环节，也是数控系统的执行部分，它接收数控装置插补器发出的进给脉冲或进给位移量信息，进给脉冲或进给位移量信息经过一定的信号转换和电压、功率放大，由伺服电动机带动传动机构，最后转化为机床工作台相对于刀具的直线位移或回转位移。进给伺服系统的性能直接影响 CNC 数控系统的快速性、稳定性和准确性。

数控机床的进给伺服系统是一种精密的位置跟踪与定位系统，是以位置为被控变量的自动控制系统，对位置的控制是以对速度控制为前提的，进给伺服系统包括三个反馈回路，即位置控制回路、速度控制回路及电流控制回路，进给伺服系统组成框图如图 5.1 所示。

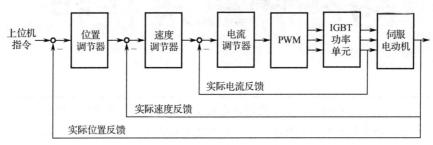

图 5.1　进给伺服系统组成框图

伺服电动机通过联轴器或同步齿形带与滚珠丝杠连接。

5.2 对进给伺服系统的基本要求

数控机床加工的任务不同，对进给伺服系统的要求也不同。数控机床对进给伺服系统的要求可以概括为以下几个方面。

1. 稳定性好

稳定性是指进给伺服系统在给定输入或外界干扰的作用下，能在短暂的调节过程后达到新的或者恢复到原来的平衡状态。通常要求进给伺服系统承受额定力矩变化时，静态速降小于 5%，动态速降小于 10%。当负载变化时，输出速度基本不变，即Δn尽可能小；当负载突变时，要求速度的恢复时间短且无振荡，即Δt尽可能短。进给伺服系统稳定性说明如图 5.2 所示。进给伺服系统的稳定性直接影响数控加工的精度和表面粗糙度。

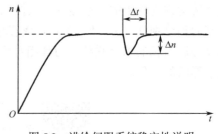

图 5.2　进给伺服系统稳定性说明

2. 精度高

进给伺服系统的精度是指输出量能复现输入量的精确程度，包括定位精度和轮廓加工精度。

静态要求定位精度和重复定位精度高，即定位误差和重复定位误差小，以保证尺寸精度。

动态要求跟随精度高，即跟随误差小，这是动态性能指标，以保证轮廓加工精度。

现代数控机床的位移精度一般为 0.01～0.001 mm，甚至高达 0.1 μm，以保证加工质量的一致性及复杂曲线、曲面零件的加工精度。

另外要求灵敏度高，有足够高的分辨率。当进给伺服系统接收 CNC 数控系统发送的一个指令脉冲时，工作台相应移动的单位距离称为分辨率。系统分辨率取决于系统稳定工作性质和所使用的检测元件。目前的闭环伺服系统都能达到 1 μm 的分辨率。检测元件装置的分辨率可达到 0.1 μm，高精度数控机床也可达到 0.1 μm 的分辨率，甚至更小。

3. 响应快且无超调

进给伺服系统要求有良好的快速响应特性，即要求跟踪指令信号的响应快。

当进给伺服系统处于频繁地启动、制动、加速、减速等动态过程中时，为了提高生产效率和保证加工质量，要求进给伺服系统加、减速度足够大，以缩短过渡过程时间。通常要求 $0 \sim n_{max}$（$n_{max} \sim 0$），其时间小于 200 ms，且不能有超调，否则对机械部件不利，加工质量不能保证。

当负载突变时，过渡过程前沿陡，恢复时间短且无振荡，这样才能得到光滑的加工表面。进给伺服系统响应快且无超调如图 5.3 所示，在负载变化时，上升沿和下降沿尽量陡，不能出现超调。

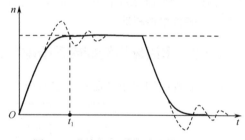

图 5.3 进给伺服系统响应快且无超调

4. 调速范围大

调速范围是指最大进给速度和最小进给速度之比。由于加工所用刀具、被加工零件材质及零件加工要求的变化范围很大，为了保证在所有加工情况下都能得到最佳的切削条件和加工质量，进给伺服系统要求进给速度能在很大的范围内变化，即有很大的调速范围。

目前，最先进的水平是在脉冲当量或最小设定单位为 1 μm 的情况下，进给速度能在 0～240 m/min 的范围内连续可调。一般数控机床的进给速度能在 0～24 m/min 的范围内连续可调并能满足加工要求。在这一调速范围内进给伺服系统要求速度均匀、稳定，低速时无爬行，还要求在零速时伺服电动机处于电磁锁住状态，以保证定位精度不变。

5. 低速大转矩

机床加工大多是在低速时进行切削的，即在低速时进给驱动要有大的转矩输出。

6. 可逆运行

所有进给轴都要求能进行正向、反向运动。

5.3　进给伺服系统配置方案

5.3.1　开环进给伺服系统配置方案

设备配置：步进驱动器+步进电动机。开环进给伺服系统配置方案如图 5.4 所示。

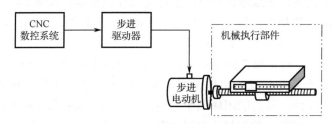

图 5.4　开环进给伺服系统配置方案

无位置反馈检测装置构成开环进给伺服系统，也称为步进伺服系统。

步进电动机的步距误差，以及齿轮副、丝杠螺母副的传动误差都会反映在零件上，影响零件的精度。机床运动精度主要取决于步进电动机和机械传动机构的性能和精度。开环进给伺服系统结构简单、工作稳定、调试方便、维修简单、价格低廉。

开环进给伺服系统在精度和速度方面要求不高、驱动力矩不大的场合中得到了广泛应用，如经济型数控机床。

5.3.2　半闭环进给伺服系统配置方案

设备配置：伺服驱动器+伺服电动机。半闭环进给伺服系统配置方案如图 5.5 所示。

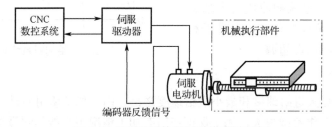

图 5.5　半闭环进给伺服系统配置方案

利用伺服电动机自带的编码器做位置和速度检测，构成半闭环进给伺服系统。

在半闭环环路内不包括或只包括少量机械传动环节，因此可获得稳定的控制性能，半闭环进给伺服系统的稳定性虽不如开环进给伺服系统的稳定性好，但比全闭环进给伺服系统的稳定性要好。

由于半闭环进给伺服系统的丝杠的螺距误差和齿轮间隙引起的运动误差难以消除，因此其精度较全闭环进给伺服系统低，较开环进给伺服系统高。可通过参数对螺距误差和反向间隙进行补偿，仍可获得满意的精度。

由于半闭环进给伺服系统结构简单、调试方便、精度也较高，因此在现代数控机床中得到了广泛应用。

5.3.3　全闭环进给伺服系统配置方案

设备配置：伺服驱动器+伺服电动机+光栅尺。全闭环进给伺服系统配置方案如图 5.6 所示。

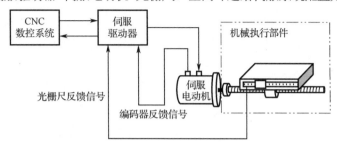

图 5.6　全闭环进给伺服系统配置方案

利用伺服电动机编码器做速度检测，光栅尺做最终位置的检测，构成全闭环进给伺服系统。

从理论上讲，全闭环进给伺服系统可以消除整个驱动和传动环节的误差、间隙和失动量，具有很高的位置控制精度。机床运动精度只取决于检测装置的精度，与传动链误差无关，但实际对传动链和机床结构有严格要求。

由于位置环内的许多机械传动环节的摩擦特性、刚性和间隙都是非线性的，很容易造成系统的不稳定，全闭环进给伺服系统的设计、安装和调试都相当困难。

该方案主要用于精度要求很高的镗铣床、超精车床、超精磨床及较大型的数控机床等。

思考与练习题 5

扫一扫看思考与练习题 5 参考答案

1. 进给伺服系统在数控机床上的作用是什么？
2. 数控机床对进给轴有哪些控制要求？
3. 进给伺服系统最终的目的是控制_____；控制位置的前提是控制_____。
4. 对比数控机床进给伺服系统的几种配置方案，将它们各自的特点及应用场合填入表 5.1 中。

表 5.1　进给伺服系统配置方案总结比较

配 置 方 案	设 备 配 置	特　　点	应 用 场 合
开环进给伺服系统			
半闭环进给伺服系统			
全闭环进给伺服系统			

实训任务 5　认识进给伺服系统的结构组成

1．实训目的

（1）了解进给伺服系统的结构组成。

（2）了解进给伺服系统的传动形式。

（3）掌握进给伺服系统的配置方案。

2．任务说明

根据现场具体的数控机床，完成下列任务。

（1）画出进给轴的机械传动结构图。

（2）列出该数控机床进给轴的配置方案。

（3）画出进给伺服系统的控制系统框图。

3．画出进给轴的机械传动结构图

4．列出该数控机床进给轴的配置方案

5. 画出进给伺服系统的控制系统框图

项目6

步进伺服系统安装与调试

学习任务	1. 学习构成数控机床开环伺服系统的步进电动机的结构组成、工作原理、运行特性； 2. 学习步进驱动器的使用； 3. 学习步进伺服系统应用案例
学前准备	查阅资料，了解步进电动机的应用
学习目标	1. 了解步进电动机的结构组成、工作原理； 2. 会计算步进电动机的步距角、转速、数控机床的脉冲当量； 3. 掌握步进电动机的矩频特性； 4. 了解步进电动机的工作频率； 5. 了解步进电动机存在的失步、振荡等问题； 6. 掌握步进伺服系统的应用

数控机床的开环伺服系统用步进电动机作为驱动部件，因此也称为步进伺服系统。

 扫一扫看项目6教学课件

 扫一扫学习行业榜样——四川省五一劳动奖章获得者沈玉军

6.1 步进电动机

6.1.1 什么是步进电动机

步进电动机是将电脉冲信号转换成角位移或直线位移的电磁机械装置，在自动控制系统中作为执行元件。给步进电动机输入一个电脉冲信号，它就转过一个固定的角度，称为一步，对应走过的角度，称为步距角。脉冲一个一个输入，电动机一步一步转动，因此称为步进电动机。图 6.1 所示为步进电动机实物。

图 6.1 步进电动机实物

在非超载的情况下，步进电动机的转速、停止的位置只取决于输入脉冲信号的频率和脉冲数，不受负载变化的影响，因此只需控制输入脉冲的数量、频率及电动机绕组的通电顺序，即可获得所需要的旋转角度、转速和旋转方向。

步进电动机具有较高的定位精度，无漂移，只有周期性的误差而无累积误差等特点，因此用步进电动机来控制速度、位置等控制领域变得非常简单。但步进电动机在低速时有较大的噪声和振动，在过载或高转速时会产生失步现象，其主要应用于经济型数控机床和各种小型自动化设备及仪器。

6.1.2 步进电动机的种类

步进电动机的种类很多，可按以下三种方式分类。

1. 按力矩产生的原理分类

反应式步进电动机：转子无绕组，定子上有绕组，绕组被激磁后产生反应力矩，从而实现步进运动。

激磁式步进电动机：转子有绕组（或永久磁钢），定子上有绕组，绕组被激磁后产生电磁力矩，从而实现步进运动。

2. 按输出力矩大小分类

伺服式步进电动机：输出力矩小，只能驱动较小的负载，若要驱动机床工作台等较大的负载，则必须和液压扭矩放大器配合。

功率式步进电动机：输出力矩较大，能直接驱动机床工作台等较大的负载。

3. 按定子数分类

单定子式步进电动机、双定子式步进电动机、三定子式步进电动机、多定子式步进电动机。

下面以三相反应式步进电动机为例介绍步进电动机的结构组成及工作原理。

6.1.3　步进电动机的结构组成

步进电动机主要由定子和转子两大部分组成，步进电动机结构图如图 6.2 所示。定子和转子铁芯由软磁材料或硅钢片叠成。步进电动机的定子如图 6.2（a）所示，定子上有磁极，每个定子磁极上均匀分布着小齿，每两个相对的磁极为一相，定子磁极上有漆包线绕成的绕组。步进电动机的转子如图 6.2（b）所示，步进电动机的转子上无绕组，均匀分布着小齿，齿与齿之间的角度称为齿距角。

（a）步进电动机的定子　　　　（b）步进电动机的转子

图 6.2　步进电动机结构图

扫一扫下载步进电动机逆向旋转工作原理 CAD 原图

6.1.4　步进电动机的工作原理

1．步进电动机的工作过程

以三相反应式步进电动机为例，来说明步进电动机的工作原理（为便于说明，假设转子只有 4 个齿）。

对三相反应式步进电动机的定子绕组按照一定的通电方式输入脉冲电源。

当 A 相绕组通电，B、C 相绕组断电时，在电磁力的作用下，转子的 1、3 齿与定子的 A 极对齐，如图 6.3（a）所示。以此作为起点。

当 A、C 相绕组断电，B 相绕组通电时，转子的 2、4 齿与定子的 B 极对齐，如图 6.3（b）所示。

当 A、B 相绕组断电，C 相绕组通电时，转子的 1、3 齿与定子的 C 极对齐，如图 6.3（c）所示。

当 A 相绕组再一次通电时，刚好对步进电动机的所有绕组都完成了一次通电过程，转子的 2、4 齿会与定子的 A 极对齐，如图 6.3（d）所示。我们看到，对所有绕组完成一次通电循环后，步进电动机前进了三步，刚好转过一个齿距角 $\dfrac{360^\circ}{z} = \dfrac{360^\circ}{4} = 90^\circ$，一直按照 A-B-C-A 的顺序对步进电动机连续输入脉冲电源，步进电动机的转子就会按逆时针方向连续运转起来。步进电动机逆向旋转工作原理如图 6.3 所示。

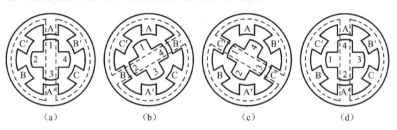

（a）　　　　　（b）　　　　　（c）　　　　　（d）

图 6.3　步进电动机逆向旋转工作原理

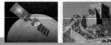

如果改变通电的顺序，按照 C-B-A-C 的顺序对步进电动机输入脉冲电源，步进电动机的转子就会按顺时针方向连续运转起来。步进电动机顺向旋转工作原理如图6.4所示。

图 6.4　步进电动机顺向旋转工作原理

从上面的步进电动机的工作过程可以看出：

（1）各相绕组轮流通电一次，转子就转过一个齿距角。

（2）转子的位置是由通电的次数决定的，转子旋转的速度是由通电的快慢（输入的脉冲电源的频率）决定的。

（3）转子旋转的方向是由通电的顺序决定的。

2．步进电动机的通电方式

步进电动机每改变一次通电方式，称为一拍，电动机转过的相应的角度，称为步距角。

以三相反应式步进电动机为例，可以有不同的通电方式。

（1）可以按照 A-B-C-A 的顺序不断循环通电，每次只有一相绕组通电，每个通电循环通电三次，需要三拍，称为三相单三拍的通电方式。每次只有一相绕组通电，容易使转子在平衡位置附近产生振荡，导致运行稳定性差；切换时一相绕组断电而另一相绕组才开始通电，容易造成失步。

（2）可以按照 AB-BC-CA-AB 的顺序不断循环通电，每次两相绕组同时通电，每个通电循环通电三次，需要三拍，称为三相双三拍的通电方式。每次两相绕组同时通电，转子感受到的感应力矩大，定位精度高，转换时始终有一相绕组通电，工作稳定，不易造成失步。

（3）可以按照 A-AB-B-BC-C-CA-A 的顺序不断循环通电，每个通电循环通电六次，需要六拍，称为三相六拍的通电方式。这样转子旋转的步距角更小，而且不易造成失步。

6.2　步进电动机的有关计算

6.2.1　步距角

通过以上步进电动机的工作过程可以看出，每通电一次，步进电动机走一步，对应转过的角度就是步距角。每通电一个循环，电动机走过一个齿距角：

$$t_b = \frac{360°}{z}$$

式中，z 为步进电动机转子的齿数。步距角为

$$\theta_b = \frac{齿距角}{拍数} = \frac{360°}{kmz} \tag{6-1}$$

式中，k 为通电方式的系数，$k = \dfrac{拍数}{相数}$；m 为步进电动机的相数。

可以看出，步进电动机的相数越多，转子的齿数越多，步距角越小，控制精度越高。步进电动机的相数越多，驱动电源越复杂，成本越高。

我国步进电动机的步距角为 $0.36° \sim 90°$，常用的有 $7.5°/15°$、$3°/6°$、$1.5°/3°$、$0.9°/1.8°$、$0.75°/1.5°$、$0.6°/1.2°$、$0.36°/0.72°$ 等。

> **小思考：** 为什么步进电动机的步距角可能有两个？
>
> **实例：** 一个四相步进电动机转子的齿数 $z=40$，若按四相八拍通电运行，则步距角为
> $$\theta_b = \frac{齿距角}{拍数} = \frac{360°}{kmz} = \frac{360°}{2 \times 4 \times 40} = 1.125°$$
> 若按四相四拍通电运行，则步距角为
> $$\theta_b = \frac{齿距角}{拍数} = \frac{360°}{kmz} = \frac{360°}{1 \times 4 \times 40} = 2.25°$$

在步进电动机运行时，转子每一步实际转过的角度与理论步距角之间存在一定的差值，该差值称为步距误差。这是转子的齿距分布不均匀，定、转子之间的气隙不均匀等造成的。

连续走若干步，上述步距误差的累积值称为步距的累积误差。由于步进电动机转过一转后，将重复上一转的稳定位置，即步进电动机的步距累积误差将以一转为周期重复出现。

6.2.2　步进电动机的转速

若步进电动机的步距角用度数表示，通电脉冲的频率为 f，则转速 n（r/min）为

$$n = \frac{\theta_b \times f \times 60}{360°} = \frac{\dfrac{360°}{kmz} \times f \times 60}{360°} = \frac{60f}{kmz} \tag{6-2}$$

可以看出，相同的步进电动机，转子的速度取决于通电脉冲的频率；在一定的脉冲频率下，电动机的相数和转子齿数越多，步距角越小，转速越低。

6.2.3　脉冲当量

步进电动机应用在机床上，通过减速器或丝杠螺母副带动工作台移动。步距角对应工作台的移动量是工作台的最小运动单位，称为脉冲当量 δ，丝杠每转一圈，工作台移动一个螺距的距离。脉冲当量为

$$\delta = \frac{t \times \theta_b}{360° i} \tag{6-3}$$

式中，t 为丝杠螺距；i 为传动比。

工作台移动的速度 v 为

$$v = \delta \times f \tag{6-4}$$

式中，f 为脉冲频率。

6.2.4 步距角的选择

若通电方式和系统的传动比已经初步确定，则步距角应满足：

$$\theta_b \leq \frac{360° i \alpha_{\min}}{t} \qquad (6-5)$$

式中，$\alpha_{\min}$ 为最小位移增量（一个脉冲对应的机床能识别的最小位移量）；t 为丝杠螺距。步距角应满足：

$$\theta_b \leq \frac{360° i \delta}{t} \qquad (6-6)$$

式中，δ 为脉冲当量。

> **实例**：若一台机床的脉冲当量为 0.1 mm，丝杠螺距为 10 mm，传动比为 1，则需要的步距角为 $\theta_b \leq \dfrac{360° i \delta}{t} = \dfrac{360° \times 1 \times 0.1\text{mm}}{10\text{mm}} = 3.6°$，即选择的步进电动机的步距角最大只能是 3.6°。

6.3 步进电动机的运行特性

6.3.1 矩角特性

当步进电动机上某相定子绕组通电后，转子齿将力求与定子齿对齐，使磁路中的磁阻最小，转子处在平衡位置不动（$\theta=0°$）。如果在电动机轴上外加一个负载转矩 T，转子则会偏离平衡位置向负载转矩方向转过一个角度 θ，该角度 θ 称为失调角。

有失调角之后，步进电动机产生一个静态转矩（也称为电磁转矩），这时静态转矩等于负载转矩。

静态转矩与失调角 θ 的关系叫作矩角特性，步进电动机的矩角特性如图 6.5 所示，近似为正弦曲线。

当负载转矩除去后，转子在电磁转矩作用下，仍能回到稳定平衡点位置（$\theta=0°$），则认为步进电动机处于静态稳定区，在失调角为 $-\pi/2$ 和 $\pi/2$ 时，静态转矩达到最大值，若这时外加的负载转矩大于该值，则在负载

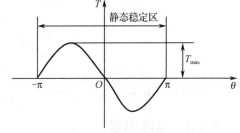

图 6.5 步进电动机的矩角特性

转矩去掉后，转子不可能回到原来的位置，所以把 $(-\pi,+\pi)$ 称为静态稳定区，该矩角特性上的静态转矩最大值称为最大静态转矩，记为 $T_{\max}$，电动机轴上负载转矩应满足：

$$T_L = (0.3 \sim 0.5) T_{\max} \qquad (6-7)$$

而电动机最大的负载是在电动机启动时，所以启动转矩 T_s（最大负载转矩）总是小于最大静态转矩。

6.3.2 矩频特性

当步进电动机连续运行时，电动机产生的转矩称为动态转矩。当步进电动机正常运行

时，若输入脉冲频率逐渐增加，则电动机所能带动的负载转矩将逐渐下降。步进电动机的最大动态转矩和脉冲频率的关系，称为矩频特性。步进电动机的矩频特性如图 6.6 所示。

为什么步进电动机带负载的能力会随着输入脉冲频率的增大而逐渐减小呢？这是因为电动机的定子绕组是一个感性负载，在给其加入脉冲电源时，电感中的电流不能突变，并且在电源通/断时会产生反向电动势，阻碍电流的上升。当脉冲电源的频率较高时，电感中的电流还没有上升到一定高度，电源又断了，而且脉冲电源的频率越高，电流上升达到的高度越小，在定子绕组中的有效电流值越小，产生的电磁转矩越小，所以能带动的负载越小。当加入如图 6.7（a）所示的较低频率的脉冲电源时，绕组中的电流波形如图 6.7（b）所示，电流较大；当加入如图 6.7（c）所示的较高频率的脉冲电源时，绕组中的电流波形如图 6.7（d）所示，电流较小。

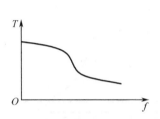

图 6.6　步进电动机的矩频特性

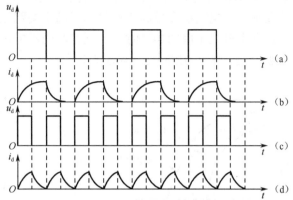

图 6.7　步进电动机不同频率脉冲电源对电流波形的影响

矩频特性是步进电动机很重要的一个运行特性，这就要求在电动机负载比较大时，脉冲电源的频率小，否则步进电动机就可能带不动负载。

6.3.3　工作频率

扫一扫下载步进电动机不同频率脉冲电源对电流波形的影响 CAD 原图

1. 启动频率

步进电动机在一定负载转矩下能够不失步地启动的最高脉冲频率，称为启动频率。在启动过程中，若加给步进电动机的指令脉冲频率大于启动频率，则步进电动机不能正常工作，可能发生丢步或堵转。

启动频率的大小与负载有关。根据步进电动机的矩频特性可知，电动机启动时，负载是最大的，所以步进电动机在启动时，脉冲电源频率一定要小，即转速要低。步进电动机在带负载（尤其是惯性负载）下的启动频率比空载要低，而且随着负载加大（在允许范围内），启动频率会进一步降低。

启动频率的大小还与步进电动机的步距角有关。步距角越小，启动频率越大；启动频率还与驱动电源有关。

2. 连续运行频率

步进电动机启动后，其运行速度能根据指令脉冲频率连续上升而不丢步的最高工作频率，称为连续运行频率。其值远大于启动频率，它也随着电动机所带负载的性质和大小的不同而不同，与驱动电源也有很大关系。

图 6.8 所示为步进电动机工作频率说明。在启动区，负载转矩越大，启动频率越低，在启动完成之后，频率可适当提高，但当频率继续升高时，可能会引起步进电动机失步。保持转矩（Holding Torque）是指当步进电动机通电但没有转动时，定子锁住转子的力矩。它是步进电动机最重要的参数之一，通常步进电动机在低速时的力矩接近保持转矩。由于步进电动机的输出力矩随速度的增大而不断减小，输出功率也随速度的增大而变化，所以保持转矩就成了衡量步进电动机最重要的参数之一。比如人们说的 2 N·m 步进电动机，在没有特殊说明的情况下是指保持转矩为 2 N·m 的步进电动机。

综上所述，步进电动机在工作时，一般要按照加速–匀速–减速控制规律进行工作。当要求步进电动机启动到大于突跳频率的工作频率时，启动频率要小，速度逐渐上升；同样，当要求步进电动机在最高工作频率或高于突跳频率的工作频率停止时，速度必须逐渐下降。逐渐上升或下降的加速时间、减速时间不能过小，否则会出现失步或越步。步进电动机加速–匀速–减速的控制过程如图 6.9 所示。

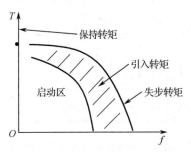

图 6.8　步进电动机工作频率说明

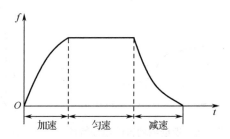

图 6.9　步进电动机加速–匀速–减速的控制过程

6.3.4　步进电动机存在的问题

步进电动机在使用过程中，可能存在失步和振荡两个问题。

1. 失步

（1）失步包括丢步和越步两种情况。

丢步是指转子前进的步距数小于给出命令的脉冲数。

越步是指转子前进的步距数大于给出命令的脉冲数。

（2）失步的原因。

启动频率过高、负载过大等因素会引起丢步。

在制动或突然换相时，转子获得过多的能量，产生严重的过冲，引起越步。

2. 振荡

在低频区和共振区，停车时可能会出现振荡。

6.4　步进驱动控制系统

当步进电动机运行时，控制器产生的脉冲信号并不是直接加到步进电动机的绕组上

的，需要有一套驱动电源。步进电动机的运行特性，不仅与电动机本身和负载有关，还与配套的驱动电源有关。步进电动机控制系统结构图如图 6.10 所示。

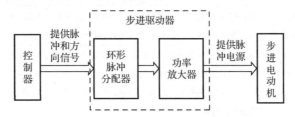

图 6.10　步进电动机控制系统结构图

6.4.1　控制器

控制器一般指单片机、PLC 等，在数控机床上由数控装置发出脉冲信号。

6.4.2　步进驱动器

步进驱动器接收控制器发出的脉冲信号，对脉冲信号进行分配和功率放大，包括环形脉冲分配器和功率放大器两部分。

扫一扫看 M535
步进驱动器使用
手册

1.　环形脉冲分配器

环形脉冲分配器将控制器送来的指令脉冲进行分配，确定步进电动机各相绕组的通电顺序，即控制步进电动机的通电运行方式。环形脉冲分配器可以用软件实现，也可以用硬件实现。

2.　功率放大器

功率放大器的作用是将环形脉冲分配器发出的 TTL 电平信号经放大后给步进电动机的绕组供电。驱动放大电路的控制方式种类较多，常使用单电压驱动、高低压切换驱动、恒流斩波、调频调压等驱动电路。

6.5　步进伺服系统应用案例

6.5.1　M535 步进驱动器

图 6.11 所示为 M535 步进驱动器实物。

1.　接线端子

M535 控制信号接线功能表和电源及电动机接线功能表分别如表 6.1 和表 6.2 所示。

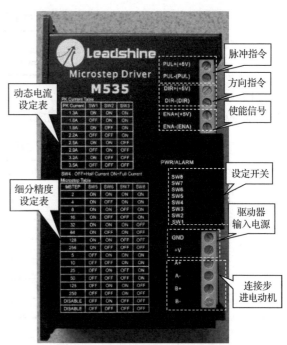

图 6.11　M535 步进驱动器实物

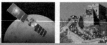

表 6.1　M535 控制信号接线功能表

信　号	功　能
PUL+（+5 V） PUL−（PUL）	脉冲信号：单脉冲控制方式时为脉冲控制信号，脉冲上升沿有效；双脉冲控制方式时为正转脉冲信号，脉冲上升沿有效。为了保证电动机可靠响应，脉冲的低电平时间应大于 3 μs
DIR+（+5 V） DIR−（DIR）	方向信号：单脉冲控制方式时为高/低电平信号；双脉冲控制方式时为反转脉冲信号，脉冲上升沿有效。单/双脉冲控制方式设定由驱动器内部跳线排 JMP1 实现。为保证电动机可靠响应，方向信号应先于脉冲信号至少 5 μs 建立，电动机的初始运转方向与电动机的接线有关，互换任一相绕组（如 A+、A−交换）可以改变电动机的初始运转方向
ENA+（+5 V） ENA−（ENA）	使能信号：此输入信号用于使能/禁止。高电平时使能，低电平时驱动器不能工作

表 6.2　电源及电动机接线功能表

信　号	功　能
GND	直流电源地
+V	直流电源正极，+24～+46 V 之间任何值均可，但推荐理论值 DC+40 V 左右
A	电动机 A 相，A+、A−互调，可更换一次电动机运转方向
B	电动机 B 相，B+、B−互调，可更换一次电动机运转方向

2. 电流与细分精度设定

M535 步进驱动器采用 8 位拨码开关设定细分精度、动态电流和半流/全流。拨码开关分配表如表 6.3 所示。

表 6.3　拨码开关分配表

电 流 设 定				细 分 精 度 设 定			
SW1	SW2	SW3	SW4	SW5	SW6	SW7	SW8

1）细分精度设定

细分精度设定由开关 SW5～SW8 完成，细分精度设定表如表 6.4 所示。

表 6.4　细分精度设定表

细分倍数	步数/圈（1.8°/整步）	SW5	SW6	SW7	SW8
2	400	ON	ON	ON	ON
4	800	ON	OFF	ON	ON
8	1 600	ON	ON	OFF	ON
16	3 200	ON	OFF	OFF	ON
32	6 400	ON	ON	ON	OFF
64	12 800	ON	OFF	ON	OFF
128	25 600	ON	ON	OFF	OFF
256	51 200	ON	OFF	OFF	OFF
5	1 000	OFF	ON	ON	ON
10	2 000	OFF	OFF	ON	ON
25	5 000	OFF	ON	OFF	ON

续表

细分倍数	步数/圈（1.8°/整步）	SW5	SW6	SW7	SW8
50	10 000	OFF	OFF	OFF	ON
125	25 000	OFF	ON	ON	OFF
250	50 000	OFF	OFF	ON	OFF

2）电流设定

第 1～3 位拨码开关用于设定电动机运动时的电流（动态电流），动态电流设定表如表 6.5 所示。而第 4 位拨码开关用于设定电动机静止时的电流（静态电流）。

表 6.5　动态电流设定表

电流值	SW1	SW2	SW3
1.3 A	ON	ON	ON
1.6 A	OFF	ON	ON
1.9 A	ON	OFF	ON
2.2 A	OFF	OFF	ON
2.5 A	ON	ON	OFF
2.9 A	OFF	ON	OFF
3.2 A	ON	OFF	OFF
3.5 A	OFF	OFF	OFF

静态电流可用第 4 位拨码开关设定，OFF 表示静态电流设为动态电流的一半，ON 表示静态电流与动态电流相同。

扫一扫看华中世纪星数控装置连接说明书

6.5.2　华中数控系统构成的开环进给驱动系统

数控系统采用华中数控系统 HNC-21TD，驱动器采用 M535 步进驱动器，步进电动机采用 57HS13 步进电动机。数控机床开环进给驱动案例如图 6.12 所示。

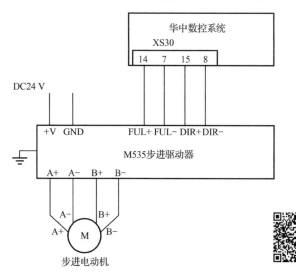

扫一扫下载数控机床开环进给驱动案例 CAD 原图

图 6.12　数控机床开环进给驱动案例

扫一扫看思
考与练习题
6参考答案

思考与练习题6

1．步进电动机的转速与频率有什么关系？工作台的移动速度与频率有什么关系？

2．一个四相步进电动机转子的齿数 $z=40$，如果采用四相八拍通电方式，写出一个通电循环，并计算其步距角。

3．什么是数控机床的脉冲当量？

4．一个三相步进电动机转子的齿数 $z=60$，回答下列问题。

（1）采用三相三拍通电方式时其步距角是多少？采用三相六拍通电方式时其步距角是多少？

（2）当信号的频率 $f=1\,kHz$ 时，步进电动机的转速是多少？

（3）若丝杠螺距 $t=10\,mm$，传动比是 1，采用三相六拍通电方式，则脉冲当量是多少？工作台移动的速度是多少？

5．一台数控机床的脉冲当量为 0.01 mm，丝杠螺距为 10 mm，传动比为 1，步进电动机的步距角至少应为多少？

6．为什么随着信号频率的升高，步进电动机带动的负载越来越小？

7．记录某实验台步进电动机的型号参数，计算步进电动机的转子有多少个齿，若丝杠螺距为 5 mm，则脉冲当量是多少？当信号频率 $f=1\,kHz$ 时，步进电动机转速是多少？工作台移动的速度是多少？当细分倍数设置为 128 时，数控机床的脉冲当量是多少？步进电动机的转速和工作台移动的速度分别是多少？

实训任务 6　步进伺服系统电气控制系统设计、安装与调试

1. 实训目的

（1）了解步进伺服系统的调试过程。

（2）掌握步进驱动器的使用。

（3）理解步进电动机的运行特性。

（4）理解工作台移动速度、位置与步距角、脉冲频率、脉冲当量等的关系。

（5）理解步进驱动器细分精度与脉冲当量、步距角的关系。

2. 任务说明

数控系统为 HNC–21TD，X 轴采用开环进给驱动方案，驱动器采用 M535 步进驱动器，步进电动机采用 57HS13 步进电动机，完成下列任务。

（1）查阅相关技术手册，设计出 X 轴电气控制系统原理图。

（2）根据电气原理图，完成 X 轴电气控制系统的安装接线。

（3）完成 X 轴控制功能的调试。

（4）根据要求观察并记录 X 轴的运行现象。

3. X 轴电气控制系统原理图设计

根据搜集到的华中数控系统、步进驱动器、步进电动机的技术资料，设计出 X 轴电气控制系统原理图。

4. X 轴电气控制系统安装接线

根据设计出的 X 轴电气控制系统原理图，安装接线。

5. X 轴控制功能调试

（1）根据电动机的铭牌数据，在驱动器上对电流进行设定。

（2）驱动器细分倍数设置。

（3）根据步距角、丝杠螺距、传动比、细分倍数，计算出脉冲当量。

（4）数控系统相关参数设置。

将数控系统相关的参数填入表 6.6 中。

表6.6　数控系统参数设定表

序　号	参　数	设　定　值

（5）检查 X 轴的点动运行功能和增量运行功能。

6. 观察记录 X 轴的运行现象

（1）系统上电，运行方式选择"增量"方式，选择 X 轴进给，解除急停。

（2）手摇脉冲信号发生器手柄，观察工作台的运动情况；改变摇动脉冲信号发生器手柄的快慢，观察工作台移动速度的变化，理解步进电动机的速度与频率的关系。

（3）将驱动器细分倍数设为 2，标记工作台的初始位置，手摇脉冲信号发生器给出信号，将手柄顺时针转动一圈，观察工作台移动的位置；保持工作台位置不变，将驱动器细分倍数设为 4，将手柄逆时针转动一圈，观察工作台移动的位置；如果回到原位，需要转几圈？

（4）将驱动器细分倍数设为 2，手摇脉冲信号发生器手柄，观察工作台、丝杠的运动情况；将驱动器细分倍数设为 8 或更高，手摇脉冲信号发生器手柄，观察工作台、丝杠的运动情况；比较两种情况下工作台移动的速度变化、运行的平稳性等。

（5）运行方式选择"自动"方式，将驱动器的细分倍数设为 2，在 MDI 方式下，输入语句：G91 G01 X5（或 X-5）F200，运行程序，观察步进电动机和工作台的运动情况；将驱动器细分倍数设为 16，在 MDI 方式下，输入语句：G91 G01 X-5（或 X5）F200，运行程序，观察步进电动机和工作台的运动情况，工作台是否回到了原来的位置，为什么？

（6）根据设置的细分倍数，重新计算脉冲当量，修改数控系统参数，重新运行上面的程序，观察工作台的运动情况。

7．实训中遇到的问题及处理措施

项目 7

交流通用伺服系统安装与调试

学习任务	1. 学习构成数控机床伺服系统的伺服电动机的结构组成、工作原理； 2. 学习通用伺服驱动器的结构组成、工作原理； 3. 学习通用伺服驱动器的使用； 4. 学习数控机床伺服系统案例
学前准备	1. 查阅资料，了解伺服电动机的应用； 2. 查阅资料，了解伺服驱动器的应用
学习目标	1. 了解伺服电动机的结构组成、工作原理； 2. 掌握检测伺服电动机的好坏的方法； 3. 了解通用伺服驱动器的结构组成、工作原理； 4. 掌握通用伺服驱动器的控制模式及应用场合； 5. 能根据技术手册对交流通用伺服驱动系统进行调试； 6. 掌握伺服驱动器在数控机床上的应用

数控机床的半闭环伺服系统和全闭环伺服系统都需要用到伺服电动机及伺服驱动器。

扫一扫看
项目 7 教
学课件

扫一扫学习行业榜样
——四川省五一劳动
奖章获得者丁鹏

7.1 伺服电动机

7.1.1 什么是伺服电动机

伺服（servo）一词源自英文 servant（奴隶、仆人），指能忠实地执行控制器发出的命令。

人们想把"伺服机构"当作一个得心应手的驯服工具，该工具根据控制信号的要求而动作。在控制信号到来之前，转子静止不动；在控制信号到来之后，转子立即转动；在控制信号消失时，转子能即时自行停转。由于它的"伺服"性能，因此而得名。

伺服电动机又称执行电动机，在自动控制系统中用作执行元件，把收到的电信号转换成电动机轴上的角位移或角速度输出，以带动控制对象。

伺服电动机有交流伺服电动机和直流伺服电动机，交流伺服电动机一般有交流永磁同步伺服电动机、交流感应伺服电动机、磁阻式伺服电动机、永磁无刷直流伺服电动机等，目前在数控机床上广泛采用的是交流永磁同步伺服电动机。

图 7.1、图 7.2、图 7.3 所示为几种伺服电动机实物。

图 7.1 德国西门子 1FK7 系列交流伺服电动机实物　图 7.2 德国西门子 1PH7 系列交流伺服电动机实物

下面以交流永磁同步伺服电动机介绍伺服电动机的结构组成及工作原理。

7.1.2 伺服电动机的结构组成

伺服电动机的结构除了与一般电动机一样包括定子和转子，还包括检测装置，有的还包括制动装置等。伺服电动机的结构组成如图 7.4 所示。

交流永磁同步伺服电动机的定子由铁芯和三相绕组组成，转子是一个永磁体。检测装置可以检测转子的转动角度，便于对电动机的旋转位置进行控制。

7.1.3 伺服电动机的工作原理

给三相定子绕组通入对称的三相交流电后，流过绕组的电流在定子、转子气隙中建立

旋转磁场，因为转子采用永磁体结构，所以旋转磁场吸引转子同步旋转。

图 7.3　台达 AB 系列伺服电动机实物　　　　图 7.4　伺服电动机的结构组成

改变三相交流电的频率，就可以改变电动机旋转的速度。

当三相交流电的频率降为 0 时，转子会被锁住不动。

思考：交流永磁同步伺服电动机与三相交流异步感应电动机的工作原理有什么不一样？

7.1.4　伺服电动机的铭牌

图 7.5 所示为松下伺服电动机的铭牌实例，图 7.6 所示为发那科伺服电动机的铭牌实例，图 7.7（a）、图 7.7（b）、图 7.7（c）所示为西门子不同系列伺服电动机的铭牌实例。从图 7.5、图 7.6、图 7.7 不同品牌的伺服电动机的铭牌可以看出，交流伺服电动机的铭牌主要包括电动机的型号规格、额定电压、额定电流、额定转速、扭矩及检测装置等参数。不同品牌的伺服电动机需要输入的电压不同，该电压不是标准的电源电压，而是与伺服电动机配套的伺服驱动器提供的相应的电源电压。

图 7.5　松下伺服电动机的铭牌实例

图 7.6　发那科伺服电动机的铭牌实例

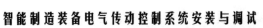

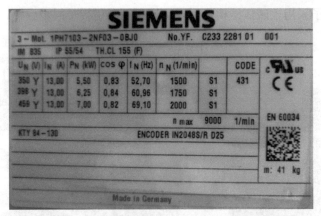

（a）西门子 1PH7 系列伺服电动机的铭牌实例

（b）西门子 1FT6 系列伺服电动机的铭牌实例

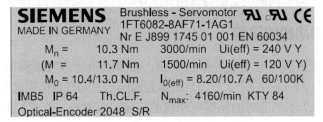

（c）西门子无刷伺服电动机的铭牌实例

图 7.7　西门子伺服电动机的铭牌实例

7.1.5　交流伺服电动机的使用注意事项

交流伺服电动机在使用过程中应该注意以下几方面的问题。

（1）电动机在安装、拆卸、搬运过程中要轻拿轻放，防止碰撞，特别是编码器部位绝对不能用锤子敲击，否则很容易损坏编码器内部的光学元件。

（2）电动机必须与配套的伺服驱动器一起使用。从上面的伺服电动机铭牌可以看到，不同品牌的伺服电动机，其额定电压不同，并且不是平常看到的标准的 220 V 或 380 V 的电压，必须与相同品牌配套的伺服驱动器一起使用。

（3）电动机的 U、V、W 三相绕组在连线时，必须按照技术手册上的说明连接，不能随便交换相线。

（4）不要轻易将电动机解体，如果需要解体电动机，必须做好编码器与电动机转子标识，因为电动机转子的初始位置检测与定位是系统正常运行的前提，所以，必须采取专用设备对伺服电动机进行对零。

7.1.6　交流伺服电动机的检测方法

交流伺服电动机检测一般检查以下几个部分：伺服电动机、编码器、抱闸装置、温度传感器。

1．伺服电动机检测

可通过以下几种方式初步判断伺服电动机的好坏。

（1）用万用表欧姆挡测量三相绕组的阻值，判断三相阻值是否平衡；用兆欧表测量绕组与机壳的绝缘电阻是否达到 0.5 MΩ。

（2）将交流伺服电动机的 U、V、W 三相绕组按如图 7.8 所示的连接方式连接三只电压表，匀速转动转子，交流伺服电动机相当于一台发电机，若三只电压表的读数相同，则可判断伺服电动机正常；若三只电压表的读数不同，或转动过程阻力大，则可判断伺服电动机存在问题。

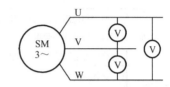

图 7.8　用电压表检测伺服电动机好坏

（3）断开伺服电动机的三相连线，转动电动机转子，转子能轻松地转动；将电动机的三相接线短接，转动电动机转子能感受到阻力，电动机越大阻力越大，可判断电动机基本正常。

2．编码器检测

交流伺服电动机尾部的检测装置通常是编码器，编码器送出的信号形式通常有脉冲方波信号、sin/cos 信号及高速通信信号。对脉冲方波信号、sin/cos 信号的编码器可通过以下几种方式检测，初步判断其好坏。

（1）用万用表测量。给编码器接入工作电源，转动转子，若是脉冲方波信号，则用万用表的直流电压挡分别测量 A、B 信号，万用表的读数为编码器电源电压的 1/2，C 信号只在某一处有电源电压，其余位置读数均为 0 V。

（2）用示波器测量。给编码器接入工作电源，双踪示波器的两个探头分别测量 A、B 信号，转动转子，可观察到两路连续的方波信号，A、B 信号在相位上相差 90°。测量 C 信号，转子转动一圈，可观察到一路方波信号。

3．抱闸装置检测

用于铣床的 Z 轴或斜床身车床的 X 轴的伺服电动机为防止在停机时轴在重力作用下下滑，一般还有抱闸线圈。可通过以下方法检测其好坏：用万用表测量抱闸线圈的电阻，检测其通路；用手转动电动机转子，转子不能转动；给抱闸线圈接入需要的工作电源，用手转动电动机转子，能轻松转动。

4．温度传感器检测

有的伺服电动机为检测电动机的温度，在定子绕组中安装温度传感器，如西门子的伺服电动机安装了 KTY84 温度传感器，用万用表测量温度传感器的电阻约为 2 kΩ。

7.1.7　伺服电动机与步进电动机的比较

伺服电动机与步进电动机在控制系统中都是作为执行电动机使用的，都可以用来控制被控制对象移动的位置、速度和方向等。伺服电动机与步进电动机有什么不一样呢？下面对交流永磁同步伺服电动机与步进电动机在结构组成、工作原理、控制精度、低频特性等方面进行比较，交流永磁同步伺服电动机与步进电动机性能比较如表 7.1 所示。

表 7.1　交流永磁同步伺服电动机与步进电动机性能比较

比 较 项 目	交流永磁同步伺服电动机	步进电动机
结构组成	定子：铁芯、三相绕组。 转子：永磁体。 有编码器或旋转变压器等检测装置	定子：定子铁芯分布着均匀的齿，可以有多相绕组。 转子：均匀分布很多齿。 无检测装置
工作原理	给三相绕组通入三相交流电，经过绕组的电流产生旋转磁场，旋转磁场吸引永磁体的转子同步旋转，电动机旋转速度随着电源频率改变，转角位置由尾部的编码器检测	脉冲电源按一定顺序通入定子的各相绕组，电动机旋转速度随着脉冲频率改变而改变，转角位置由脉冲个数决定
控制精度	交流永磁同步伺服电动机的控制精度由电动机轴后端的旋转编码器保证	步进电动机的控制精度由步距角决定
低频特性	运转非常平稳，即使在低速时也不会出现振荡现象	在低速时易出现低频振荡现象
矩频特性	交流永磁同步伺服电动机为恒力矩输出，即在其额定转速（一般为 2 000 r/min 或 3 000 r/min）以内都能输出额定转矩，在额定转速以上为恒功率输出	步进电动机的输出力矩随转速升高而下降，且在较高转速时会急剧下降，所以其最高工作转速一般在 300～600 r/min
过载能力	交流永磁同步伺服电动机具有较强的过载能力，以松下交流伺服系统为例，它具有速度过载和转矩过载能力，其最大转矩为额定转矩的 3 倍	步进电动机不具有过载能力，当负载超过其带负载的能力时，会出现丢步的现象
运行控制	用交流永磁同步伺服电动机构成的交流伺服驱动系统为闭环控制，驱动器可直接对电动机编码器反馈信号采样，内部构成位置环和速度环，一般不会出现步进电动机的丢步或过冲的现象，控制性能更为可靠	步进电动机的控制为开环控制，启动频率过高或负载过大易出现丢步或堵转的现象，停止时转速过高易出现过冲的现象，为保证其控制精度，应处理好升、降速问题
响应速度	交流伺服系统的加速性能较好，以松下 MSMA 400 W 交流伺服电动机为例，从静止加速到其额定转速 3 000 r/min 仅需几毫秒，可用于要求快速启动、停止的控制场合	步进电动机从静止加速到工作转速（一般为每分钟几百转）需要 200～400 ms

综上所述，伺服电动机在许多性能方面都优于步进电动机。但在一些要求不高的场合也经常用步进电动机来作执行电动机。所以，在控制系统的设计过程中要综合考虑控制要求、成本等多方面的因素，选用适当的控制电动机。

小思考：交流永磁同步伺服电动机与三相交流异步感应电动机的工作都需要输入三相交流电产生旋转磁场，它们在结构组成、工作原理、运行特性、应用场合有哪些相同点和不同点？

7.2　伺服驱动器

在控制系统中需要一个装置来控制伺服电动机的启动、停止、速度、旋转方向和位置等，这个装置就是伺服驱动器。

7.2.1 通用伺服与专用伺服

1. 专用伺服

在数控机床上，数控系统厂家生产的与自己的数控系统配套的伺服驱动产品称为专用伺服驱动器。各数控系统生产企业都有自己的交流伺服产品，如 SIEMENS 的 611 系列和 S120 系列、FANUC 的 αi 系列和 βi 系列、华中数控的 HSV 系列等。

专用伺服的特点如下。

（1）控制信号通过特定的通信接口连接，控制协议一般不公开，只能用于特定的数控系统。

（2）线路连接相对固定，用户一般不能修改。

（3）一般用于中高端数控机床。

2. 通用伺服

由一般的工控产品厂家生产的伺服驱动产品，称为通用伺服驱动器。这些伺服系统可以通过一定的方式与各种数控系统配合使用。

通用伺服的特点如下。

（1）具有通用的模拟量接口和脉冲指令接口，可以与各种控制装置连接。

（2）控制线路和控制方式可以由用户设计。

（3）一般用于低端数控机床。

3. 通用伺服实例

比较常用的通用伺服驱动产品有松下、安川、三菱、台达等品牌。以下是通用伺服驱动产品实例。图 7.9 所示为台达 ASDA 系列通用伺服驱动产品，图 7.10 所示为松下通用伺服驱动器。

（a）ASDA-A2 系列　　　　　　　　　　　　（b）ASDA-B2 系列

图 7.9　台达 ASDA 系列通用伺服驱动产品

7.2.2 通用伺服驱动器的工作原理

图 7.11 所示为交流通用伺服驱动器的工作原理。

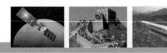

图 7.10　松下通用伺服驱动器

1．驱动器主回路

驱动器主回路与变频器的主回路相似，由整流滤波电路、再生制动电路、逆变电路、动态刹车 4 部分组成。

1）整流滤波电路

由 $VD_1 \sim VD_6$ 整流二极管组成的桥式整流电路，将交流电源转变成直流电，根据功率大小，可采用单相或三相整流桥。滤波电容 C_1、C_2 对整流后的电源滤波，减少其脉动成分。

2）再生制动电路

所谓再生制动是指电动机的实际转速高于指令速度时，产生能量回馈的现象。图 7.11 中 BR+与 BR−之间接入制动电阻，制动电阻与 VT_7 晶体管组成再生制动回路，在制动时接入电阻，用来消耗回馈能量。

3）逆变电路

$VT_1 \sim VT_6$ 及 $VD_7 \sim VD_{12}$ 组成逆变电路，生成适合电动机转速的频率、适合负载转矩大小的电流驱动电动机。逆变模块采用 IGBT 开关元件。

4）动态刹车

为实现伺服的快速响应，伺服驱动器增加了动态刹车，即在伺服电动机端子间加上适当的电阻器进行短路消耗旋转能，使其迅速停转。

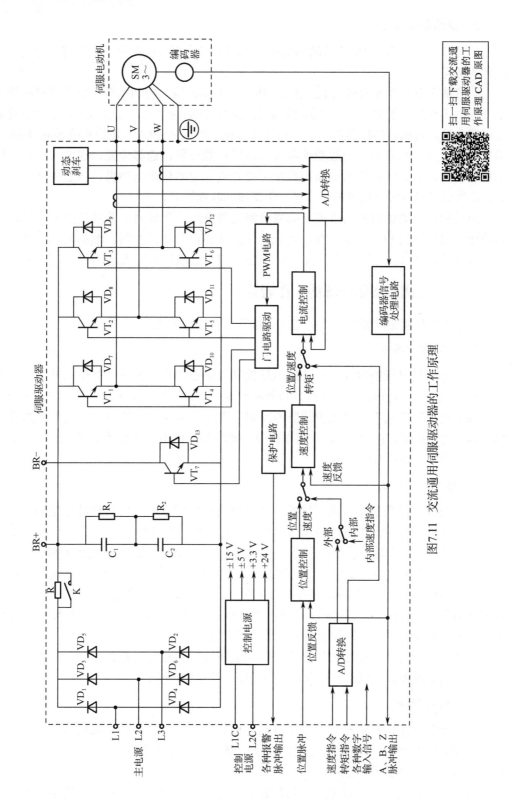

图 7.11 交流通用伺服驱动器的工作原理

2. 驱动器控制回路

从图 7.11 中可以看出交流通用伺服驱动器的工作原理框图是一个位置、速度、电流三闭环的结构图。

一般情况下，首先通过 L1C、L2C 端子为驱动器输入控制电源，驱动器开始给各控制部分提供需要的工作电压，并对驱动器进行自检；然后通过 L1、L2、L3 端子为驱动器输入主回路电源；再通过连接器与上位机相连（上位机可以是 PLC、数控系统等）；根据上位机的控制信号及控制目的，伺服驱动器可以通过参数设置，选择位置、速度、转矩三种不同的控制模式，让主回路输出电压与频率可变的电源驱动伺服电动机。伺服驱动器的工作状态、报警等信号通过连接器输出，可用于系统的联锁控制。

通过伺服驱动器内部的电流互感器检测负载电流，完成对电流环的控制。通过编码器检测电动机的速度和旋转的角度，完成对速度环和位置环的控制。编码器的信号经过内部电路的处理，再通过连接器输出 A、B、Z 脉冲信号给数控系统或其他上位机控制器。

7.2.3 通用伺服驱动器的工作模式

一般通用伺服驱动器有转矩、速度、位置三种控制模式。

1. 转矩控制模式

通过外部模拟量的输入或直接的地址的赋值来设定电动机轴对外输出转矩的大小。这种控制模式应用在对电动机的速度、位置都没要求，对转矩的大小有严格要求的场合。

在转矩控制模式下，伺服驱动器的控制只进行了电流环的控制。转矩指令先通过 A/D 转换器、电流控制、PWM 电路、门电路驱动等环节，再驱动逆变桥工作，如图 7.11 所示，位置环、速度环并没有起作用。

2. 速度控制模式

通过外部模拟量的输入或直接的地址赋值来设定伺服电动机的旋转速度的大小。这种控制模式应用在对电动机的位置、速度有一定要求，而对实时转矩的大小不太要求的场合。若上位机控制器输出的指令信号为模拟信号，则此时需要选择速度控制模式。

在速度控制模式下，速度指令通过 A/D 转换器、参数选通外部开关、速度控制、电流控制、PWM 电路、门电路驱动等环节，如图 7.11 所示，此时的伺服驱动器是一个速度、电流双闭环控制结构，位置环并没有起作用，此时，伺服控制系统的位置环由上位机来完成，如果在数控机床上，位置控制由数控系统完成。

需要注意的是，在速度控制模式下，伺服驱动器接收的是模拟信号，如果上位机控制器发出的是脉冲信号，伺服驱动器就只能工作在位置控制模式。

3. 位置控制模式

伺服中最常用的控制模式——位置控制模式。位置控制模式一般通过外部输入的脉冲的频率来确定伺服电动机转动速度的大小，通过脉冲的个数来确定伺服电动机转动的角度，所以一般应用于定位装置。

这种控制模式应用在对电动机的位置、速度有一定要求，而对实时转矩的大小不太要求的场合。若上位机控制器发出的是脉冲信号，如图 7.11 所示，位置脉冲指令通过位置控制、参数选通位置开关、速度控制、电流控制、PWM 电路、门电路驱动等环节，此时的伺服驱动器是一个位置、速度、电流三闭环控制结构。上位机发出脉冲，脉冲的频率决定电动机的速度，脉冲的个数决定电动机转动的位置。这时候的交流伺服系统类似于步进伺服系统。但由于伺服电动机的优异性能，此时的交流伺服系统的性能远远优于步进伺服系统。

7.2.4　松下 Minas A4 系列伺服驱动器

松下 Minas A4 系列伺服驱动器在现场应用较多，下面以 Minas A4 系列的 C 型驱动器 MCDDT3520 为例进行介绍。

1. 松下 Minas A4 系列伺服驱动器接口功能

图 7.12 所示为松下 Minas A4 驱动器接口。各引脚的连接详见表 7.2、表 7.3、表 7.4。

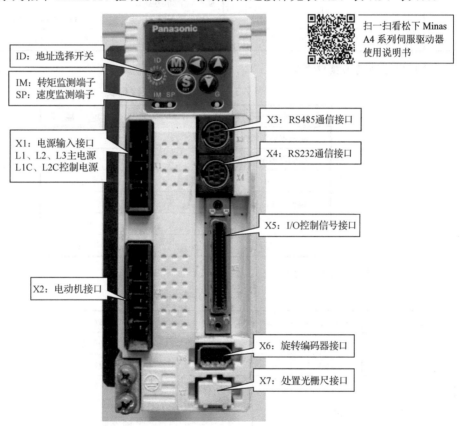

扫一扫看松下 Minas A4 系列伺服驱动器使用说明书

图 7.12　松下 Minas A4 驱动器接口

1）主回路接口 X1、X2

表 7.2　松下 Minas A4 驱动器主回路接线功能表

	接 线 记 号	信　　号		详　　情
X1	L1，L2，L3	主电源输入端子	100 V	在 L1、L3 端子间输入单相 100～115 V，50 Hz/60 Hz

续表

	接线记号	信号		详情
X1	L1，L2，L3	主电源 输入端子	200 V	A、B 型：输入单相 200～240 V，50 Hz/60 Hz。 C、D 型：输入单相/三相 200～240 V，50 Hz/60 Hz。 单相输入时只接 L1、L3 端子
	L1C，L2C	控制电源 输入端子	100 V	输入单相 100～115 V，50 Hz/60 Hz
			200 V	输入单相 200～240 V，50 Hz/60 Hz
X2	RB1，RB2，RB3	制动电阻接线端子		通常将 RB3 和 RB2 短接。 若发生再生放电电阻过载报警（Err18）而导致驱动器故障，则先将 RB3 和 RB2 断路，然后在 RB1 和 RB2 之间接入一个制动电阻。 A4 系列的 A、B 型驱动器默认需要外接制动电阻，因此其 RB3 和 RB2 通常不短接，但是若发生了 Err18 报警，则在 RB1 和 RB2 之间接入一个制动电阻。 如果接入制动电阻，则将参数 Pr6C 设成除 0 之外的值
	U，V，W	电动机连接端子		连接到伺服电动机的各相绕组，U：U 相，V：V 相，W：W 相

2）旋转编码器接口 X6

表 7.3　旋转编码器信号接口表

信号	引脚	功能
编码器电源输出	1	+5 V
编码器电源输出	2	0 V
未用	3，4	不必接
编码器 I/O 信号 （串行信号）	5	PS+
	6	PS-
外壳接地	外壳	FG

3）I/O 控制信号接口 X5

表 7.4　I/O 控制信号接口表

信号	接线记号	引脚	功能
控制信号电源	COM+	7	连接外置 DC12 V～DC24 V 电源的正极
	COM-	41	连接外置 DC12 V～DC24 V 电源的负极
伺服使能	SRV-ON	29	此信号与 COM-短接为伺服使能状态（电动机通电）。 与 COM-短接后至少 100 ms 后输入指令脉冲。 与 COM-断开则伺服系统不使能状态（电动机停）。 伺服 OFF 动态制动器的动作与偏差计数器清零的动作可用参数 Pr69 选择
控制模式切换	C-MODE	32	如果参数 Pr02（控制模式选择）的值设为 3～5，控制模式的选择如下表所示 <table><tr><td>Pr02 值</td><td>C-MODE 与 COM-短路 （选择第 1 控制模式）</td><td>C-MODE 与 COM-短路 （选择第 2 控制模式）</td></tr><tr><td>3</td><td>位置控制</td><td>速度控制</td></tr><tr><td>4</td><td>位置控制</td><td>转矩控制</td></tr><tr><td>5</td><td>速度控制</td><td>转矩控制</td></tr></table>

续表

信　　号	接线记号	引脚	功　　能
CW 行程限位	CWL	8	该引脚为输入 CW（顺时针）方向的行程限位信号。 设备的移动部件越过了 CW 方向的限位开关时，CWL 信号与 COM-的连接断开，使得 CW 方向的转矩不再产生
CCW 行程限位	CCWL	9	与 CWL 信号相同
偏差计数器清零 或 内部速度选择 2	CL 或 INTSPD2	30	该引脚的功能取决于不同的控制模式。 *在位置控制模式下用作偏差计数器清零。 *在速度控制模式下用来输入内部速度选择 2 信号（INTSPD2）。 *在转矩控制模式下无效
指令脉冲禁止输入 或 内部速度 选择 1	INH 或 INTSPD1	33	该引脚的功能取决于不同的控制模式。 *在位置控制和全闭环控制模式下可用来禁止指令脉冲的输入（INH）。 *在速度控制模式下用来输入内部速度选择 1 信号（INTSPD1）。 *在转矩控制模式下无效
零速箝位 或 振动抑制控制切换 选择	ZEROSPD 或 VS-SEL	26	该引脚的功能取决于不同的控制模式。 *在速度控制和转矩控制模式下用来输入零速箝位指令（ZEROSPD）。 *在位置控制和全闭环控制模式下用来输入振动抑制控制切换选择信号（VS-SEL）
增益切换 或 转矩控制	GAIN 或 TL-SET	27	可以用参数 Pr03（转矩限制选择）Pr30（第 2 增益动作）设定引脚的功能
报警清除	A-CLR	31	此信号与 COM-的连接保持闭合 120 ms 以上，就可以将报警状态清理掉。报警清除的同时，偏差计数器的内容也会被清零
指令脉冲倍频选择 或 内部速度选择 3	DIV 或 INTSPD3	28	该引脚的功能取决于不同的控制模式。 *在速度控制模式下用来输入内部速度选择 3 信号（INTSPD3）。 *在位置控制模式下可以选择指令脉冲分倍频设置分子的数值（分母为参数 Pr4B 中的数据）：如果与 41 号引脚短接，指令脉冲分倍频的分子为参数 Pr49 中的设定值；如果与 41 号引脚断开，指令脉冲分倍频的分子为参数 Pr48 中的设定值。 *在转矩控制模式下无效
速度、位置、转矩 控制指令	SPR TRQR SPL	14	该引脚的功能取决于不同的控制模式。 *可以设置速度、位置、转矩三种控制模式。 *信号不要输入幅值超过±10 V 的模拟量电压指令
CW 转矩限制	CWTL	18	该引脚的功能取决于不同的控制模式（Pr02 值）
CCW 转矩限制	CCWTL	16	该引脚的功能取决于不同的控制模式（Pr02 值）
伺服报警	ALM+	37	报警状态发生时，此输出晶体管关断
	ALM-	36	
伺服准备好	S-RDY+	35	当控制电源/主电源接通，而且没有报警发生时，此输出晶体管导通
	S-RDY-	34	

信　号	接线记号	引脚	功　能
制动器释放	BRK-OFF+	11	当保持制动器释放时，此输出晶体管导通
	BRK-OFF-	10	
零速检测	ZSP	12	用参数 Pr0A（ZSP 输出选择）选择该输出信号的输出内容
	COM-	41	
转矩限制	TLC	40	用参数 Pr09（TLC 输出选择）选择该输出信号的输出内容
	COM-	41	
定位完成 或 全闭环定位完成 或 速度到达	COIN+ COIN- 或 EX-COIN+	39	该引脚的功能取决于不同的控制模式（Pr02 值）。 *在位置控制模式下输出定位完成信号（COIN）。 *在全闭环控制模式下输出全闭环定位完成信号（EX-COIN）。 *在速度控制和转矩控制模式下输出速度到达信号（AT-SPEED）
	EX-COIN- 或 AT-SPEED+ AT-SPEED-	38	
A 相输出	OA+	21	输出经过分频处理的编码器信号或外部反馈装置信号（A、B、Z 相），等效于 RS422 信号。 此输出电路的差分驱动器的地与信号地（GND）相接，不隔离。 输出脉冲的最高频率是 4 000 kHz（4 倍频之后）
	OA-	22	
B 相输出	OB+	48	
	OB-	49	
Z 相输出	OZ+	23	
	OZ-	24	
Z 相输出	OZ	19	输出 Z 相信号的集电极开路信号
速度监视器输出	SP	43	用参数 Pr07 [速度监视器（SP）选择] 选择该信号的输出内容
转矩监视器输出	IM	42	用参数 Pr08 [转矩监视器（IM）选择] 选择该信号的输出内容
外壳地	FG	50	内部连接到驱动器上的接地端子
信号地	GND	13	信号地。内部与控制电源（COM-）相隔离
		15	
		17	
		25	
指令脉冲输入 1	PULSH1	44	表示一种位置指令脉冲的形式
	PULSH2	45	
指令脉冲输入 2	SIGNH1	46	
	SIGNH2	47	
指令脉冲输入 1	PULS1	3	表示一种位置指令脉冲的形式
	PULS2	4	
指令脉冲输入 2	SIGN1	5	
	SIGN2	6	

2. 松下 A4 驱动器的不同工作模式

1）位置控制模式

需要将参数 Pr02 设置为 0，此时，驱动器的 X5 插件的 3、4、5、6 引脚或 44、45、46、47 引脚接收上位机来的脉冲指令信号。如果是差分专用电路接口，信号从 44、45、46、47 引脚接入；如果是普通光耦电路接口，信号从 3、4、5、6 引脚接入。其他控制信号根据需要如图 7.13 所示进行连接。

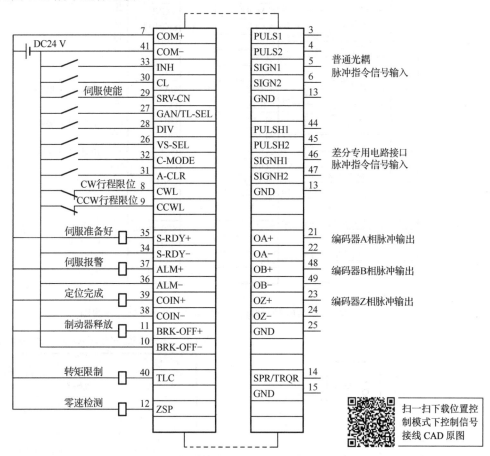

图 7.13 位置控制模式下控制信号接线图

2）速度控制模式和转矩控制模式

当参数 Pr02 设置为 1 时，驱动器工作在速度控制模式；当参数 Pr02 设置为 2 时，驱动器工作在转矩控制模式。此时，驱动器的 X5 插件的 14、15 引脚接收上位机的模拟量速度或转矩指令信号。其他控制信号根据需要如图 7.14 所示进行连接。

典型案例 5　用华中数控系统与松下伺服驱动器实现伺服控制

数控系统选择华中 HNC-21MD 数控系统，伺服驱动器选择松下 A4 系列的 MCDDT3520。

华中数控系统 HNC-21MD 进给驱动接口引脚定义如图 7.15 所示。

华中数控系统 HNC-21 进给驱动接口信号表如表 7.5 所示。

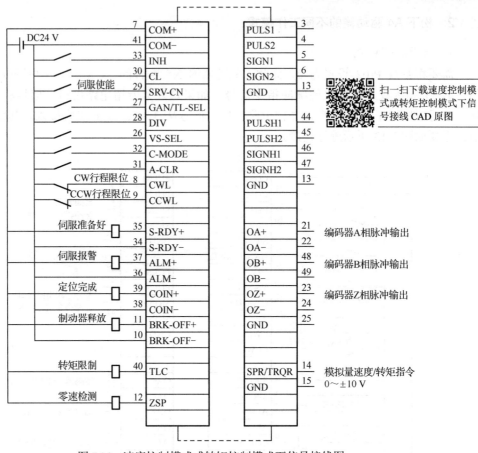

图 7.14　速度控制模式或转矩控制模式下信号接线图

表 7.5　华中数控系统 HNC-21 进给驱动接口信号表

信　号　名	说　　明
A+、A−	编码器 A 脉冲反馈信号
B+、B−	编码器 B 脉冲反馈信号
Z+、Z−	编码器 Z 脉冲反馈信号
+5 V，GND	DC5 V 电源
OUTA	模拟量指令输出（−20～+20 mA）
CP+、CP−	指令脉冲输出（A 相）
DIR+、DIR−	指令方向输出（B 相）

8：DIR−　8　15：DIR+
7：CP−　　　14：CP+
6：OUTA　　13：GND
5：GND　　 12：+5 V
4：+5 V　　 11：Z−
3：Z+　　　 10：B−
2：B+　　　9：A−
1：A+　　1

图 7.15　华中数控系统 HNC-21MD
进给驱动接口引脚定义

华中数控系统 HNC-21MD 的进给驱动发出的是脉冲信号。华中数控系统 HNC-21MD 与松下伺服驱动器的连接图如图 7.16 所示。驱动器参数调试可参考松下 A4 驱动器的相关调试手册。

合上断路器 QF1、QF2，通过驱动器接口 X1 的引脚 L1C、L2C，驱动器获得控制电源。当驱动器连线正确没有报警发生时，X5 的 36、37 引脚接通，中间继电器 KA1 线圈得电工作，利用 KA1 的常开触点控制接触器 KM1 的线圈，KM1 的主触点闭合，通过驱动器

接口 X1 的引脚 L1、L3，伺服驱动器获得主电源。当操作机床使能时，使能继电器触点闭合。当操作机床某轴运动时，数控系统通过 XS30～XS33 接口的 CP+、CP-和 DIR+、DIR-发出脉冲指令，连接到伺服驱动器接口 X5 的引脚 3、4、5、6，通过驱动器控制伺服电动机工作。编码器的反馈信号连接到伺服驱动器的接口 X6，再通过驱动器的 X5 接口的 21、22、48、49、23、24 引脚反馈给数控系统。

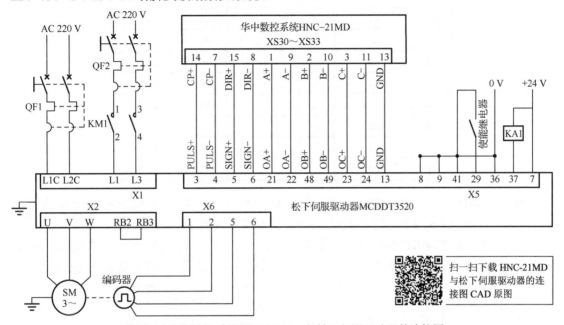

图 7.16 华中数控系统 HNC-21MD 与松下伺服驱动器的连接图

XS30～XS33 分别对应 X、Y、Z 和第 4 轴的控制信号。

驱动器的参数 Pr02 应该设置为位置控制模式。

> **小思考：**如果华中数控系统的轴控制接口 XS30～XS33 输出模拟信号，应该怎么与伺服驱动器连接？驱动器应该选择什么控制模式？

典型案例6 用西门子数控系统与松下伺服驱动器实现伺服控制

数控系统选择西门子 802C 数控系统，伺服驱动器选择松下 A4 系列的 MCDDT3520。

西门子 802C 数控系统轴控制接口信号表如表 7.6 所示。

表 7.6 西门子 802C 数控系统轴控制接口信号表

引脚	信 号	引脚	信 号	引脚	信 号
1	AO1	18	n.c	34	AGND1
2	AGND2	19	n.c	35	AO2
3	AO3	20	n.c	36	AGND3
4	AGND4	21	n.c	37	AO4
5	n.c	22	M	38	n.c
6	n.c	23	M	39	n.c

续表

引脚	信　号	引脚	信　号	引脚	信　号
7	n.c	24	M	40	n.c
8	n.c	25	M	41	n.c
9	n.c	26	n.c	42	n.c
10	n.c	27	n.c	43	n.c
11	n.c	28	n.c	44	n.c
12	n.c	29	n.c	45	n.c
13	n.c	30	n.c	46	n.c
14	SE1.1	31	n.c	47	SE1.2
15	SE2.1	32	n.c	48	SE2.2
16	SE3.1	33	n.c	49	SE3.2
17	SE4.1			50	SE4.2

AO1/AGND1～AO4/AGND4 分别是 X 轴、Y 轴、Z 轴和主轴的速度给定信号，SE1.1/SE1.2～SE4.1/SE4.2 分别是 X 轴、Y 轴、Z 轴和主轴的使能信号。

西门子数控系统 802C 轴控制信号为模拟信号。以 X 轴控制为例，西门子数控系统 802C 与松下伺服驱动器的连接图如图 7.17 所示。数控系统各接口连接信号可查阅相关技术手册。

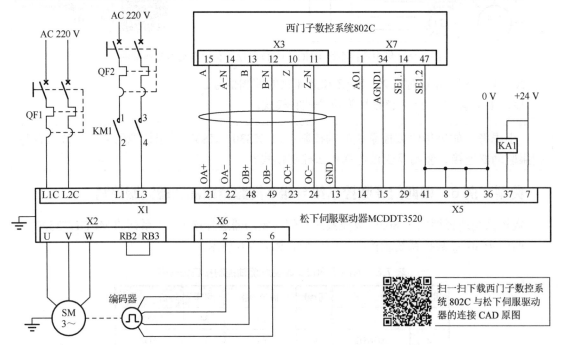

图 7.17　西门子数控系统 802C 与松下伺服驱动器的连接图

合上断路器 QF1、QF2，通过驱动器接口 X1 的引脚 L1C、L2C，驱动器获得控制电源。当驱动器连线正确没有报警发生时，X5 的 36、37 引脚接通，中间继电器 KA1 线圈得电工作，利用 KA1 的常开触点控制接触器 KM1 的线圈，KM1 的主触点闭合，通过驱动器接口 X1 的引脚 L1、L3，伺服驱动器获得主电源。当操作机床使能时，数控系统的轴控制接口 X7 的 14、47 引脚为 *X* 轴的伺服驱动器发出使能信号。当操作机床 *X* 轴运动时，数控系统通过轴控制接口 X7 的 1、34 引脚为 *X* 轴的伺服驱动器发出 0～±10 V 的速度模拟信号，通过驱动器控制伺服电动机工作。编码器的反馈信号连接到伺服驱动器的接口 X6，再通过驱动器的 X5 接口的 21、22、48、49、23、24 引脚反馈给数控系统 *X* 轴的编码器连接接口 X3。

驱动器的参数 Pr02 应该设置为速度控制模式。

> **小思考**：查阅技术手册，如果控制数控机床的 *Y* 轴、*Z* 轴，数控系统与伺服驱动器应该怎么连接。

思考与练习题 7

扫一扫看思考与练习题 7 参考答案

1．伺服电动机由哪几部分组成？

2．简述伺服电动机的工作原理。

3．交流永磁同步伺服电动机与三相交流异步感应电动机在结构组成、工作原理上有什么不同？

4．比较伺服电动机与步进电动机有什么不同。

5．图 7.18 所示为一台西门子的伺服电动机铭牌，根据铭牌完成下列问题。

```
SIEMENS   Brushless - Servomotor  🆄🆄ᴄ CE
MADE IN GERMANY
          1FT6082-8AF71-1AG1
          Nr E J899 1745 01 001 EN 60034
  Mₙ =      10.3 Nm    3000/min   Ui(eff) = 240 V Y
  (M =      11.7 Nm    1500/min   Ui(eff) = 120 V Y)
  M₀ = 10.4/13.0 Nm   I₀(eff) = 8.20/10.7 A  60/100K
  IMB5  IP 64   Th.CL.F.    Nₘₐₓ: 4160/min  KTY 84
  Optical-Encoder 2048  S/R

Note: M = τ = Torque
```

图 7.18 一台西门子的伺服电动机铭牌

（1）该电动机的生产单位是＿＿＿＿＿＿＿＿＿＿＿＿＿＿＿＿。

（2）该电动机是＿＿＿＿＿＿＿＿＿电动机，型号为＿＿＿＿＿＿＿＿＿＿＿＿＿＿＿＿。

（3）当定子电压的有效值为 120 V 时，额定转速为 1 500 r/min 时，输出扭矩为＿＿＿＿＿＿＿＿。

（4）该电动机的最大转速为＿＿＿＿＿＿＿。

（5）该电动机 60 K 温升时的失速转矩（零速时的转矩，此时电动机作为电制动器将所带的负载保持在指定位置）为＿＿＿＿＿＿＿，失速电流为＿＿＿＿＿＿＿。

（6）该电动机内置光电编码器的分辨率是＿＿＿＿＿＿＿＿＿＿＿。

（7）该电动机的防护等级为＿＿＿＿＿＿＿＿＿＿＿。

6．什么是通用伺服？什么是专用伺服？

7．伺服驱动器与变频器有什么区别？

8．通用伺服驱动器有哪几种控制模式？各接收什么类型的信号？它们各自应用在哪些场合？

实训任务 7 伺服电动机铭牌识读及电动机好坏检测

1. 实训目的

（1）能正确识读伺服电动机的铭牌，获取伺服电动机的技术参数。

（2）掌握伺服电动机的检测方法。

（3）能判断伺服电动机的好坏。

2. 任务说明

识读现场伺服电动机的铭牌数据，并对伺服电动机做相关的检测，判断伺服电动机的好坏，了解伺服电动机的特点。

3. 识读伺服电动机铭牌

识读现场伺服电动机的铭牌并记录相关的数据。

4. 伺服电动机好坏检测

（1）查阅伺服电动机手册，查找伺服电动机连接插件的各引脚连接情况。

（2）用万用表欧姆挡测量伺服电动机 U、V、W 三相绕组的电阻值，将其填入表 7.7 中。

表 7.7 伺服电动机三相绕组电阻检测表

R_{UV}	R_{UW}	R_{VW}
结论：		

（3）用兆欧表测量绕组与伺服电动机外壳的绝缘电阻。

（4）用手转动伺服电动机转子，看转动是否轻松平稳？

（5）将 U、V、W 三相绕组短接，用手转动伺服电动机是什么现象？

（6）匀速转动转子，用万用表交流电压挡测量 U、V、W 三相绕组间的电压值，将其填入表 7.8 中。

表 7.8　伺服电动机三相绕组的电压测量表

$U_{U\text{-}V}$	$U_{U\text{-}W}$	$U_{V\text{-}W}$
结论：		

5. 编码器好坏检测

编码器适用于输出信号为 A、B、Z 脉冲信号或 sin/cos 信号。

（1）给编码器接入需要的工作电源。

（2）匀速转动伺服电动机转子，用万用表分别测量编码器 A、B、Z 信号的电压，将其填入表 7.9 中。

表 7.9　编码器信号测量表

电源电压	A 信号电压	B 信号电压	Z 信号电压
结论：			

（3）匀速转动伺服电动机转子，用示波器观察 A、B、Z 信号的波形。

6. 抱闸装置检查

如果有抱闸装置需要进行抱闸检查，当伺服电动机内部有抱闸装置时，可先进行该步骤的操作。

（1）用万用表测量抱闸线圈的电阻。

（2）用手转动伺服电动机转子，若抱闸装置完好，转子不能转动。

（3）给抱闸线圈接入需要的工作电源，用手转动伺服电动机转子，能轻松转动。

7. 温度传感器检查

若有温度传感器，检查温度传感器电阻是否满足要求。

实训任务 8　交流通用伺服系统设计、安装与调试

1．实训目的

（1）了解交流通用伺服系统设计、安装、调试的工作流程。

（2）掌握交流通用伺服驱动器的工作模式。

（3）掌握交流通用伺服驱动器的参数设置方法。

（4）了解 P、I、D 控制规律对系统性能的影响。

（5）能正确阅读技术手册。

2．任务说明

数控系统为西门子 802C 数控系统（根据现场也可以用华中数控系统），伺服驱动器为松下 A4 系列的 MCDDT3520（根据现场也可以用安川、台达等通用伺服驱动产品），完成以下任务：

（1）设计 X 轴的电气控制系统。

（2）完成相关参数的设置，实现该轴点动控制功能。

（3）修改伺服系统相关参数，观察伺服系统的运行现象。

3．搜集下载系统资料

搜集下载要求的数控系统及伺服驱动器的相关技术手册。

4．设计 X 轴的电气控制系统原理图

查阅相关技术手册，设计绘制 X 轴的电气控制系统原理图。

5．安装接线

根据绘制的 X 轴的电气控制系统原理图安装接线。检查接线正确后，为控制系统接入电源。

6. 参数设置

（1）完成数控系统相关参数的设置，填入表 7.10 中。

表 7.10　数控系统参数设定表

序号	参数号	参数设定值	参数功能

（2）查阅伺服驱动器技术手册，学习参数设置的操作方法。

（3）完成伺服驱动器相关参数的设置，填入表 7.11 中。

表 7.11　伺服驱动器参数设定表

序号	参数号	参数设定值	参数功能

7.　功能调试

（1）解除急停。

（2）选择 JOG 工作方式，按 X 轴的点动键，观察该轴是否移动，移动方向是否正确。

8. 运行观察

完成功能调试后，修改伺服系统相关参数，观察机床运行现象。

这里以数控系统为西门子 802C 数控系统，伺服驱动器为松下 MCDDT3520 为例。

（1）将伺服驱动器参数 Pr02 设置为 0，驱动器为位置控制模式，重新为驱动器上电，操作机床，观察机床运行现象。

（2）将伺服驱动器参数 Pr02 设置为 1，驱动器为速度控制模式，重新为驱动器上电，操作机床，观察机床运行现象。

（3）将伺服驱动器参数 Pr.21 设置为 0（将实时自动调整设置为无效，使用手动调整）。

按照表 7.12 中的数据，分别修改伺服驱动器参数 Pr.11（第一速度环增益），手动运行 X 轴，观察机床运行现象。

表 7.12　机床运行现象记录表

Pr.11	机床运行现象
35（原始）	
100	
200	
300	
350	
400	
450	
500	
600	

（4）保持修改的伺服驱动器参数 Pr.11 为表 7.12 中的最后一个数据，将伺服驱动器参数 Pr.21 设置为 1，手动运行 X 轴，观察机床运行现象，查看此时参数 Pr.11 的数值是多少。

小思考：随着增益的增大，观察到什么现象，根据所学的控制理论解释为什么会出现这种现象。

项目 8

西门子专用伺服驱动系统认识

学习任务	1. 学习西门子专用伺服模块的配置组成； 2. 学习西门子专用伺服模块在数控机床中的应用
学前准备	1. 查阅资料，了解西门子有哪些伺服产品； 2. 查阅资料，了解西门子各伺服产品的应用
学习目标	1. 了解目前西门子有哪些伺服产品； 2. 了解各种西门子伺服产品与数控系统的配套使用情况； 3. 了解西门子 611 系列伺服驱动系统的组成模块； 4. 了解西门子 S120 系列伺服驱动系统的组成模块

目前，用于数控机床的西门子伺服产品主要有 SIMODRIVE611 和 SINAMICS S120 两个系列。伺服电动机主要有 1FT/1FK 系列。

扫一扫看项目 8 教学课件

扫一扫学习行业榜样——抗震救灾、支援东汽的师生群体

8.1 SIMODRIVE 611 系列伺服驱动系统

8.1.1 SIMODRIVE 611 系列伺服的类型

目前，西门子的 SIMODRIVE 611 系列伺服主要有下面三种类型。

（1）通用型 SIMODRIVE 611U：611U 不仅可以采用全数字式驱动与 802D、802D base line 等 CNC 配套使用，还可以选用模拟式驱动与 802C/Ce/C base line 等 CNC 配套使用，使用方便灵活，通用性强。

（2）通用 E 型 SIMODRIVE 611Ue：使用 ProfiBus-DP 总线控制的驱动器，只能与带总线的 CNC（802D、802D base line）配套使用。

（3）数字型 SIMODRIVE 611D：全数字伺服驱动系统，与 SINUMERIK 840D/810D 配套使用。

该系列伺服驱动系统采用模块化设计，包括电源滤波器、整流电抗器、电源模块、伺服驱动模块（包括功率单元、控制单元两部分）及各种专用模块，可配置 1FT/1FK 系列伺服电动机、1FN 系列直线电动机、1PH 和 1FE1 系列主轴电动机。

8.1.2 电源滤波器

611 系列伺服驱动系统电源滤波器如图 8.1 所示。电源滤波器安装在变压器之后，整流电抗器之前，其主要作用在于消除 611 伺服驱动工作过程中逆变器单元产生的电磁噪声对电网产生的干扰，同时抑制电网对伺服驱动系统造成的影响。电源滤波器在驱动系统中不是必需的，可根据实际情况选配，电源滤波器与电源模块的配置如表 8.1 所示。

图 8.1 611 系列伺服驱动系统电源滤波器

表 8.1 电源滤波器与电源模块的配置

电源模块	配置的滤波器订货号
UI 模块 5 kW	6SN1111-0AA01-1BA□
UI 模块 10 kW	6SN1111-0AA01-1AA□
UI 模块 28 kW	6SN1111-0AA01-1CA□
I/R 模块 16 kW	6SL3000-0BE21-6AA□
I/R 模块 36 kW	6SL3000-0BE23-6AA□
I/R 模块 55 kW	6SL3000-0BE25-5AA□
I/R 模块 80 kW	6SL3000-0BE28-0AA□
I/R 模块 120 kW	6SL3000-0BE31-2AA□

8.1.3 整流电抗器

611 系列伺服驱动系统整流电抗器如图 8.2 所示，安装在电源滤波器后，电源模块前，与 I/R 型电源模块组成 PWM 整流，实现稳压和电能回馈，对 UI 型电源模块不是必须的。整流电抗器与电源模块的配置如表 8.2 所示。

表 8.2　整流电抗器与电源模块的配置

图 8.2　611 系列伺服驱动系统整流电抗器

电 源 模 块	配置的 HF 电抗器订货号	配置的 HFD 电抗器订货号
UI 模块 28 kW	6SN1111-1AA00-0CA□	
I/R 模块 16 kW	6SL1111-0AA00-0BA□	6SL3000-0DE21-6AA□
I/R 模块 36 kW	6SL1111-0AA00-0CA□	6SL3000-0DE23-6AA□
I/R 模块 55 kW	6SL1111-0AA00-0DA□	6SL3000-0DE25-5AA□
I/R 模块 80 kW	6SL1111-0AA00-1EA□	6SL3000-0DE28-0AA□
I/R 模块 120 kW	6SL3000-0DE31-2BA□	6SL3000-0DE31-2AA□

HFD 电抗器与 HF 电抗器的区别在于前者包含一个阻尼电阻。

整流电抗器有以下作用：

（1）能量存储，让电源模块的内部能量逐渐升高，而不是急剧上升。

（2）在供电电源振荡时限制电流。

（2）抑制系统的振荡。

（4）限制谐波反馈到电网。

8.1.4　电源模块

611 系列伺服驱动系统电源模块如图 8.3 所示。

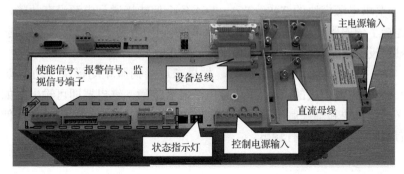

图 8.3　611 系列伺服驱动系统电源模块

1. 电源模块的功能

电源模块通过直流母线 P600/M600 输出伺服系统所需的 600 V（或 530 V）直流母线电压给功率单元；通过设备总线 X351 接口输出 24 V、±15 V、5 V、脉冲电源等弱电电源，为 840D 数控单元提供工作电源，为轴控制单元提供工作电源、使能信号及监控信号等。

2. 电源模块的类型

电源模块有不可控电源模块 UI（也称为非调节型电源模块）和可控电源模块 I/R（也称为调节型电源模块）。

1）可控电源模块 I/R

整流部分采用 IGBT 功率晶体管实现整流，在伺服电动机制动时，能将制动的能量反馈回电网，直流母线输出电压具有稳压功能，母线电压为 600 V（或 625 V，可设定）。电源模块的前端必须接整流电抗器。电源模块的功率有 16 kW、36 kW、55 kW、80 kW、120 kW 5 种规格。电源模块订货号为 6SN1145-□□□□-□□□□。

2）不可控电源模块 UI

整流部分采用不可控的功率二极管实现整流，直流母线电压为三相电源直接整流输出，母线电压为线电压的 1.35 倍。直流母线电压根据各轴伺服电动机的工作情况在 490 V～644 V 之间波动，当伺服电动机加速时，直流母线电压最低为 490 V；当伺服电动机制动时，直流母线电压最高为 644 V，为避免能量聚集使直流母线电压过高，伺服电动机通过内置电阻消耗制动能量。电源模块的前端可以不接整流电抗器。模块的功率有 5 kW、10 kW、28 kW 3 种规格。电源模块订货号为 6SN1146-□□□□-□□□□。

3. 电源模块各接口功能

1）X111

该接口提供一副常开和常闭的内部触点，供用户外接使用。

T74/T73.2：驱动器"准备好"信号触点输出，"常闭"触点，驱动能力为 AC250 V/2 A 或 DC50 V/2 A。

T72/T73.1：驱动器"准备好"信号触点输出，"常开"触点，驱动能力为 AC250 V/2 A 或 DC50 V/2 A。

当 S1.2=OFF 时，为"准备好"状态。如果未连接伺服驱动模块（功率模块和轴控制卡），则此状态要求电源模块的 T48、T63、T64 各个使能接通且电源没有故障，继电器即可输出；如果连接了伺服驱动模块（功率模块和轴控制卡），则要求所有的轴控制卡的 663 使能连接且各轴均没有故障，继电器才有输出。

当 S1.2=ON 时，为"无故障"状态。如果未连接伺服驱动模块（功率模块和轴控制卡），则此状态要求电源模块的 T48 接通且电源没有故障，继电器即可输出。如果连接了伺服驱动模块（功率模块和轴控制卡），则并不要求所有的轴控制卡的 663、65 使能连接，但要求各轴没有故障，继电器才有输出。

2）X121

T53/T52/T51：驱动器电源模块过电流触点输出（T53/T51 为常闭，T52/T51 为常开），驱动能力为 DC50 V/500 mA。

T9/T63：电源模块"脉冲使能"信号输入，同时对所有连接的伺服驱动模块有效，正常情况 T9 与 T63 短接。当 T9 与 T63 断开时，所有轴的电源消失，轴以自由运动的形式停车。

T9/T64：电源模块"驱动使能"信号输入，同时对所有连接的伺服驱动模块有效，正常情况 T9 与 T64 短接。当 T9 与 T64 断开时，所有轴的速度给定电压为 0，轴以最大加速度停车，即以急停方式停车。

T9/T19：构成 24 V 电压输出，可供维修检测时的外接电压使用。T9 输出 24 V 高电平，T19 为参考地。

3）X141

T7：电源模块 DC+24 V 辅助电压输出，电压范围为+20.4～+28.8 V，电流为 50 mA。

T45：电源模块 DC+15 V 辅助电压输出，电流为 10 mA。

T44：电源模块 DC-15 V 辅助电压输出，电流为 10 mA。

T10：电源模块 DC-24 V 辅助电压输出，电压范围为–20.4～–28.8 V，电流为 50 mA。

T15：0 V 公共端。

R：故障复位输入，当 R 与端子 T15 接通时驱动器故障复位。

4）X161

T9：电源模块"使能"端辅助电压+24 V 连接端。

T112：电源模块调整与正常工作转换信号（正常使用时一般直接与 9 端短接，将电源模块设定为正常工作状态）。

T48：电源模块主接触器控制端。

T111/T213/T113：用于判断从外部检测电源模块内部主回路接触器触点是否闭合。其中 T111/T113 为常开触点，T111/T213 为常闭触点。触点的驱动能力为 AC250 V/2 A 或 DC50 V/2 A。

5）X171

该连接端子的 NS1/NS2 一般直接"短接"，当 NS1/NS2 断开时，电源模块内部的直流母线预充电回路的接触器将无法接通，预充电回路不能工作，电源模块无法正常启动。

6）X172

该连接端子的 AS1/AS2 为驱动器内部"常闭"触点输出，触点状态受调整与正常工作转换信号端 T112 的控制，可以作为外部安全电路的"互锁"信号使用，AS1/AS2 间触点驱动能力为 AC250 V/1 A 或者 DC50 V/2 A。

7）X181

P500/M500：直流母线电源辅助供给，一般不使用。

1U1/1V1/1W1：主回路电源输出端，在电源模块内部，它与主电源输入 U1/V1/W1 直接相连，在大多数情况下通过与 2U1/2V1/2W1 的连接，直接作为电源模块控制回路的电源输入。

2U1/2V1/2W1：电源模块控制电源输入端。

8）X351

X351 为设备总线，输出 24 V、±15 V、5 V、脉冲电源等电子电源，为 840D 数控单元提供工作电源，为轴控制单元提供工作电源、使能信号及监控信号。

9）P600/M600

直流母线端子，连接到伺服驱动模块的功率单元，提供直流母线电压。

8.1.5 伺服驱动模块

伺服驱动模块实物图如图 8.4 所示，它包括功率单元和轴控制单元（简称轴控制卡）两个部分。

轴控制卡有单轴和双轴两种，其上的反馈接口也有一个（编码器反馈接口）和两个（包括编码器反馈接口和光栅尺反馈接口）两种。轴控制卡订货号为 6SN1118-□□□□-□□□。

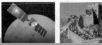

611 功率模块有各种规格，电流大小不同，体现在外观上主要是宽度不同，功率越大宽度越大，结构上有单轴模块和双轴模块两种。功率模块订货号为 6SN1123-□□□□-□□□□。

图 8.4 中为多个不同规格的伺服驱动模块安装在一起，伺服驱动模块拔出轴控制卡后，剩下的部分为功率单元，功率单元实物图如图 8.5 所示。

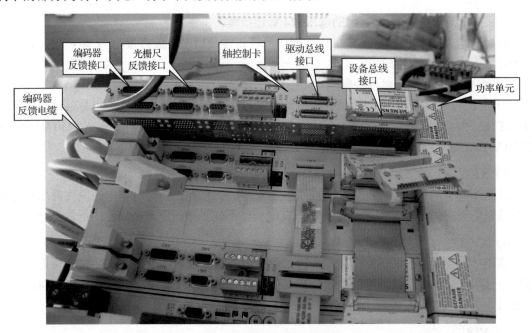

图 8.4　伺服驱动模块实物图

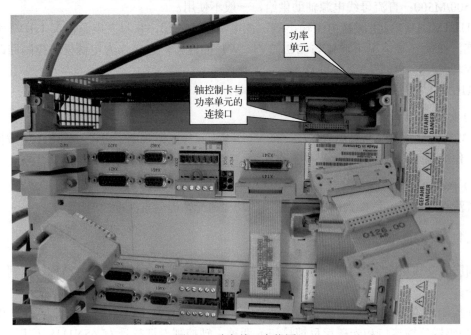

图 8.5　功率单元实物图

典型案例 7　用西门子 840D 数控系统与 SIMODRIVE 611D 实现伺服控制

控制数控机床的一个主轴和五个进给轴 X、Y、Z、A、B，配置西门子 840D 数控系统和 SIMODRIVE 611D 伺服系统。其伺服系统包括一个电源模块和三个双轴的伺服驱动模块。SIMODRIVE 611D 应用实例如图 8.6 所示。

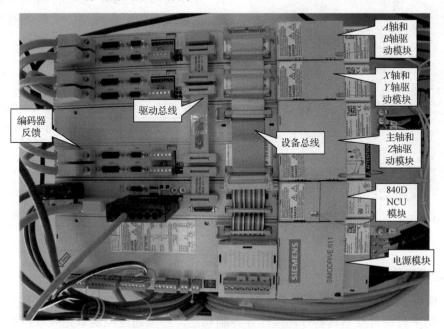

图 8.6　SIMODRIVE 611D 应用实例

8.2　SINAMICS S120 系列伺服驱动系统

SINAMICS S120 系列伺服驱动系统可与西门子的数控系统 SINUMERIK 840Dsl、SINUMERIK 828D BASIC、SINUMERIK 828D、SINUMERIK 828D ADVANCED、SINUMERIK 802D Solution line 等配套使用，用于数控机床的驱动。该系列伺服驱动系统包括书本型、装置型、模块型、紧凑书本型 4 种类型。书本型和装置型都是通过电源模块供电的，模块型类似于变频器，整流与逆变为一体，紧凑书本型与书本型一样，只是体积更小，适用于安装条件受限的数控机床。

8.2.1　模块型伺服驱动系统

SINAMICS S120 模块型伺服驱动系统类似一个变频器，集整流和逆变于一体，既能实现 $\dfrac{U}{f}$、向量控制，又能实现高精度、高性能的伺服控制，特别适用于单轴的速度和定位控制，又称为单轴驱动器。它包括控制单元（Control Unit，CU）和功率模块 PM340 两部分。

1.　控制单元

控制单元实物如图 8.7 所示，它有 CU310 和 CU320 两种规格。CU310 只能控制一个

（a）CU310　　（b）CU320

图 8.7　控制单元实物

轴，它与功率模块 PM340 组合使用，完成功率模块 PM340 的通信、开环或闭环控制功能。CU320 用于多轴控制，通常与多个电动机模块、电源模块等组合使用，以完成多个轴的通信、开环或闭环控制，可以控制和协调整个伺服驱动系统中的所有模块，实现各轴间的数据交换。控制单元规格表如表 8.3 所示。

表 8.3　控制单元规格表

控制单元	订货号
CU310-2 PN（不带 CF 卡）	6SL3040-1LA01-0AA0
CU310-2 DP（不带 CF 卡）	6SL3040-1LA00-0AA0
CU320-2 PN（不带 CF 卡）	6SL3040-1MA01-0AA0
CU320-2 DP（不带 CF 卡）	6SL3040-1MA00-0AA0
CF 卡（不含安全许可证）	6SL3054-0E G00-1BA0
CF 卡包含许可证书和安全许可证	6SL3054-0E G00-1BA0-Z F01

2. 功率模块 PM340

功率模块 PM340 如图 8.8 所示，根据其功率大小分为模块型功率模块和装置型功率模块两种。功率模块自身不具备开环或闭环控制功能，必须通过控制单元或数控单元才能完成。模块型功率模块一般功率较小，装置型功率模块功率较大。它们的外围一般选用滤波器或进线电抗器。模块型、装置型功率模块规格表如表 8.4、表 8.5 所示。

（a）模块型功率模块　　　　　　（b）装置型功率模块

图 8.8　功率模块 PM340

表 8.4 模块型功率模块规格表

额定电流 /A	额定功率 /kW（HP）	模块型功率模块 （风冷式）订货号 不带进线滤波器	模块型功率模块 （风冷式）订货号 带集成进线滤波器	进线电抗器订货号
进线电压：单相 AC200～240 V				
0.9	0.12（0.2）	6SL3210-1SB11-0UA0	6SL3210-1SB11-0AA0	6SE6400-3CC00-4AB3
2.3	0.37（0.5）	6SL3210-1SB12-3UA0	6SL3210-1SB12-3AA0	
3.9	0.75（0.75）	6SL3210-1SB14-0UA0	6SL3210-1SB14-0AA0	6SE6400-3CC01-0AB3
进线电压：三相 AC380～480 V				
1.3	0.37（0.5）	6SL3210-1SE11-3UA0		6SE6400-3CC00-2AD3
1.7	0.55（0.75）	6SL3210-1SE11-7UA0		
2.2	0.75（1）	6SL3210-1SE12-2UA0		6SE6400-3CC00-4AD3
3.1	1.1（1.5）	6SL3210-1SE13-1UA0		
4.1	1.5（2）	6SL3210-1SE14-1UA0		6SE6400-3CC00-6AD3
5.9	2.2（3）	6SL3210-1SE16-0UA0	6SL3210-1SE16-0AA0	6SL3203-0CD21-0AA0
7.7	3（5）	6SL3210-1SE17-7UA0	6SL3210-1SE17-7AA0	
10	4（5）	6SL3210-1SE21-0UA0	6SL3210-1SE21-0AA0	6SL3203-0CD21-4AA0
18	7.5（10）	6SL3210-1SE21-8UA0	6SL3210-1SE21-8AA0	6SL3203-0CD22-2AA0
25	11（15）	6SL3210-1SE22-5UA0	6SL3210-1SE22-5AA0	
32	15（20）	6SL3210-1SE23-2UA0	6SL3210-1SE23-2AA0	6SL3203-0CD23-5AA0
38	18.5（25）	6SL3210-1SE23-8UA0	6SL3210-1SE23-8AA0	6SL3203-0CJ24-5AA0
45	22（30）	6SL3210-1SE24-5UA0	6SL3210-1SE24-5AA0	
60	30（40）	6SL3210-1SE26-0UA0	6SL3210-1SE26-0AA0	6SL3203-0CD25-3AA0
75	37（50）	6SL3210-1SE27-5UA0	6SL3210-1SE27-5AA0	6SL3203-0CJ28-6AA0
90	45（60）	6SL3210-1SE31-0UA0	6SL3210-1SE31-0AA0	
110	55（75）	6SL3210-1SE31-1UA0	6SL3210-1SE31-1AA0	6SE6400-3CC11-2FD0
145	75（100）	6SL3210-1SE31-5UA0	6SL3210-1SE31-5AA0	
178	90（125）	6SL3210-1SE31-8UA0	6SL3210-1SE31-8AA0	6SE6400-3CC11-7FD0

表 8.5 装置型功率模块规格表

额定电流/A	额定功率/kW（HP）	装置型功率模块（风冷式）订货号	装置型功率模块（液冷式）订货号	进线电抗器订货号
进线电压：三相 AC380～480 V				
210	110（150）	6SL3310-1TE32-1AA3	6SL3315-1TE32-1AA3	6SL3000-0CE32-3AA0
260	132（200）	6SL3310-1TE32-6AA3	6SL3315-1TE32-6AA3	6SL3000-0CE32-8AA0
310	160（250）	6SL3310-1TE33-1AA3	6SL3315-1TE33-1AA3	6SL3000-0CE33-3AA0
380	200（300）	6SL3310-1TE33-8AA3		6SL3000-0CE35-1AA0
490	250（400）	6SL3310-1TE35-0AA3	6SL3315-1TE35-0AA3	

8.2.2　书本型伺服驱动系统

书本型伺服驱动系统包括电源模块、电动机模块、进线电抗器、输入滤波器、制动模块等，除电源模块和电动机模块，其他均为选件，可根据需要选配。图 8.9 所示为书本型电源模块及电动机模块的实物图。

1. 电源模块

书本型电源模块根据其馈电特性分为 3 种类型：基本型电源模块、非调节型电源模块、调节型电源模块。

1）基本型电源模块（Basic Line Module，BLM）

基本型电源模块适合没有

图 8.9　书本型电源模块及电动机模块的实物图

电能回馈到电网时应用，适用于接地的星型 TN/TT 系统和不接地的对称 IT 系统。基本型电源模块有 20 kW、40 kW、100 kW 三种规格。20 kW 和 40 kW 基本型电源模块集成了一个制动模块，附加一个外部制动电阻后，基本型电源模块可直接用于带间歇再生制动模式，在停机时发挥作用。除了外部制动电阻，100 kW 基本型电源模块还需要一个制动模块才能再生制动。

基本型电源模块通过 DRIVE-CLiQ 与 CU320-2 或数控单元连接。基本型电源模块有内部风冷和冷却板式，其规格、订货号，以及配套的进线电抗器和输入滤波器订货号如表 8.6 所示。

表 8.6　书本型基本型电源模块规格表

规　　格	电源模块订货号	进线电抗器订货号	输入滤波器订货号
20 kW 内部风冷	6SL3130-1TE22-0AA0	6SL3000-0CE22-0AA0	6SL3000-0BE21-6DA0
20 kW 冷却板式	6SL3136-1TE22-0AA0		
40 kW 内部风冷	6SL3130-1TE24-0AA0	6SL3000-0CE24-0AA0	6SL3000-0BE23-6DA1
40 kW 冷却板式	6SL3136-1TE24-0AA0		
100 kW 内部风冷	6SL3130-1TE31-0AA0	6SL3000-0CE31-0AA0	6SL3000-0BE31-2DA0
100 kW 冷却板式	6SL3136-1TE31-0AA0		

2）非调节型电源模块（Smart Line Module，SLM）

非调节型电源模块又称为回馈电源模块。二极管电桥负责整流，IGBT 负责回馈，具有100%持续再生回馈功能。5 kW 和 10 kW 回馈电源模块可通过数字量输入禁用再生回馈功能；16 kW、36 kW 和 55 kW 回馈电源模块可通过参数设定禁用再生回馈功能。回馈电源模

块可连接到接地的 TN/TT 系统和不接地的 IT 系统。回馈电源模块必须配备指定的进线电抗器才能运行。使用第三方进线电抗器可能会导致设备故障或严重损坏。回馈电源模块的规格、订货号，以及配套的进线电抗器和输入滤波器订货号如表 8.7 所示。

表 8.7　书本型回馈电源模块规格表

规格	电源模块订货号	进线电抗器订货号	输入滤波器订货号
进线电压：三相 AC380～480 V			
5 kW 内部风冷	6SL3130-6AE15-0AB1		
5 kW 外部风冷	6SL3131-6AE15-0AA1	6SL3000-0CE15-0AA0	6SL3000-0HE15-0AA0
5 kW 冷却板式	6SL3136-6AE15-0AA1		
10 kW 内部风冷	6SL3130-6AE21-0AB1		
10 kW 外部风冷	6SL3131-6AE21-0AA1	6SL3000-0CE21-0AA0	6SL3000-0HE21-0AA0
10 kW 冷却板式	6SL3136-6AE21-0AA1		
16 kW 内部风冷	6SL3130-6TE21-6AA3		
16 kW 外部风冷	6SL3131-6TE21-6AA3	6SL3000-0CE21-6AA0	6SL3000-0BE21-6DA0
36 kW 内部风冷	6SL3130-6TE23-6AA3		
36 kW 外部风冷	6SL3131-6TE23-6AA3	6SL3000-0CE23-6AA0	6SL3000-0BE23-6DA1
55 kW 内部风冷	6SL3130-6TE25-5AA3		
55 kW 外部风冷	6SL3131-6TE25-5AA3	6SL3000-0CE25-5AA0	6SL3000-0BE25-5DA0

3）调节型电源模块（Active Line Module，ALM）

调节型电源模块又称为有源电源模块。调节型电源模块是一个自换向整流/回馈单元，其中 IGBT 负责整流回馈，它产生一个可调节的直流母线电压，这意味着相连的电动机模块便可以从进线电压上解耦，进线电压在允许范围内的波动不会对电动机电压产生影响。调节型电源模块可连接到接地的 TN/TT 系统和不接地的 IT 系统。调节型电源模块通过 DRIVE-CLiQ 与 CU320-2 或数控单元连接。调节型电源模块的运行必须使用配套的有源接口模块（Active Interface Module，AIM）。有源接口模块包含一个电网净化滤波器、电抗器和基本的干扰抑制功能，电网净化滤波器可保护电网不受开关频率谐波的干扰。调节型电源模块的规格、订货号，以及配套的有源接口模块和输入滤波器订货号如表 8.8 所示。

表 8.8　书本型调节型电源模块规格表

规　格	电源模块订货号	有源接口模块订货号	基本滤波器订货号
进线电压：三相 AC380～480 V			
16 kW 内部风冷	6SL3130-7TE21-6AA3		
16 kW 外部风冷	6SL3131-7TE21-6AA3	6SL3100-0BE21-6AB0	6SL3000-0BE21-6DA0
16 kW 冷却板式	6SL3136-7TE21-6AA3		
36 kW 内部风冷	6SL3130-7TE23-6AA3		
36 kW 外部风冷	6SL3131-7TE23-6AA3	6SL3100-0BE23-6AB0	6SL3000-0BE23-6DA1
36 kW 冷却板式	6SL3136-7TE23-6AA3		
55 kW 内部风冷	6SL3130-7TE25-5AA3		
55 kW 外部风冷	6SL3131-7TE25-5AA3	6SL3100-0BE25-5AB0	6SL3000-0BE25-5DA0
55 kW 冷却板式	6SL3136-7TE25-5AA3		

续表

规 格	电源模块订货号	有源接口模块订货号	基本滤波器订货号
80 kW 内部风冷	6SL3130-7TE28-0AA3		
80 kW 外部风冷	6SL3131-7TE28-0AA3	6SL3100-0BE28-0AB0	6SL3000-0BE28-0DA0
80 kW 冷却板式	6SL3136-7TE28-0AA3		
120 kW 内部风冷	6SL3130-7TE31-2AA3		
120 kW 外部风冷	6SL3131-7TE31-2AA3	6SL3100-0BE31-2AB0	6SL3000-0BE31-2DA0
120 kW 冷却板式	6SL3136-7TE31-2AA3		
120 kW 液体冷却	6SL3135-7TE31-2AA3		

2. 电动机模块

电动机模块有单轴电动机模块（Single Motor Module，SMM）和双轴电动机模块（Double Motor Module，DMM）两种。书本型单轴电动机模块规格表如表 8.9 所示，书本型双轴电动机模块规格表如表 8.10 所示。

表 8.9　书本型单轴电动机模块规格表

额定输出电流	额定输出功率	内部风冷 6SL3120-	外部风冷 6SL3121-	冷却板式 6SL3126-	液体冷却式 6SL3125-
直流母线电压：DC510～720 V					
3 A	1.6 kW	1TE13-0AA4	1TE13-0AA4	1TE13-0AA4	
5 A	2.7 kW	1TE15-0AA4	1TE15-0AA4	1TE15-0AA4	
9 A	4.8 kW	1TE21-0AA4	1TE21-0AA4	1TE21-0AA4	
18 A	9.7 kW	1TE21-8AA4	1TE21-8AA4	1TE21-8AA4	
30 A	16 kW	1TE23-0AA3	1TE23-0AA3	1TE23-0AA3	
45 A	24 kW	1TE24-5AA3	1TE24-5AA3	1TE24-5AA3	
60 A	32 kW	1TE26-0AA3	1TE26-0AA3	1TE26-0AA3	
85 A	46 kW	1TE28-5AA3	1TE28-5AA3	1TE28-5AA3	
132 A	71 kW	1TE31-3AA3	1TE31-3AA3	1TE31-3AA3	
200 A	107 kW	1TE32-0AA4	1TE32-0AA4	1TE32-0AA4	1TE32-0AA4

表 8.10　书本型双轴电动机模块规格表

额定输出电流	额定输出功率	内部风冷 6SL3120-	外部风冷 6SL3121-	冷却板式 6SL3126-
直流母线电压：DC510～720 V				
2×3 A	2×1.6 kW	2TE13-0AA4	2TE13-0AA4	2TE13-0AA4
2×5 A	2×2.7 kW	2TE15-0AA4	2TE15-0AA4	2TE15-0AA4
2×9 A	2×4.8 kW	2TE21-0AA4	2TE21-0AA4	2TE21-0AA4
2×18 A	2×9.7 kW	2TE21-8AA3	2TE21-8AA3	2TE21-8AA3

8.2.3　装置型伺服驱动系统

装置型伺服驱动系统又称为装机装柜型，它与书本型伺服驱动系统一样，包括电源模块、电动机模块及外围的滤波器、电抗器等。装置型伺服驱动系统的功率远大于书本型伺服驱动系统的功率。滤波器如图 8.10 所示，进线电抗器如图 8.11 所示。

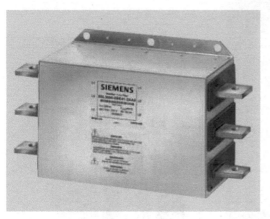

图 8.10　滤波器

图 8.11　进线电抗器

1. 电源模块

与书本型伺服驱动系统一样，电源模块包括基本型电源模块 BLM、调节型电源模块 ALM 和非调节型电源模块 SLM 三种，调节型电源模块必须与调节型电源接口模块 AIM 配套使用。装置型基本型电源模块如图 8.12 所示，调节型电源接口模块如图 8.13 所示，装置型调节型电源模块如图 8.14 所示。三种电源模块的规格及订货号分别如表 8.11、表 8.12 和表 8.13 所示。

表 8.11　装置型基本型电源模块规格表

规　　格	电源模块订货号	进线电抗器订货号	输入滤波器订货号
进线电压：三相 AC380～480 V			
200 kW	6SL3330-1TE34-2AA3	6SL3000-0CE35-1AA0	6SL3000-0BE34-4AA0
250 kW	6SL3330-1TE35-3AA3		6SL3000-0BE36-0AA0
400 kW	6SL3330-1TE38-2AA3	6SL3000-0CE37-7AA0	6SL3000-0BE41-2AA0
560 kW	6SL3330-1TE41-2AA3	6SL3000-0CE41-0AA0	
710 kW	6SL3330-1TE41-5AA3	6SL3000-0CE41-5AA0	6SL3000-0BE41-6AA0
进线电压：三相 AC500～690 V			
250 kW	6SL3330-1TG33-0AA3	6SL3000-0CH32-7AA0	6SL3000-0BG34-4AA0
355 kW	6SL3330-1TG34-3AA3	6SL3000-0CH34-8AA0	
560 kW	6SL3330-1TG36-8AA3	6SL3000-0CH36-0AA0	6SL3000-0BG36-0AA0
900 kW	6SL3330-1TG41-1AA3	6SL3000-0CH41-2AA0	6SL3000-0BG41-2AA0
1 100 kW	6SL3330-1TG41-4AA3		

图 8.12　装置型基本型电源模块　　　图 8.13　调节型电源接口模块　　　图 8.14　装置型调节型电源模块

表 8.12　装置型非调节型电源模块规格表

规　格	电源模块订货号	进线电抗器订货号
进线电压：三相 AC380～480 V		
250 kW	6SL3330-6TE35-5AA3	6SL3000-0EE36-2AA0
355 kW	6SL3330-6TE37-3AA3	
500 kW	6SL3330-6TE41-1AA3	6SL3000-0EE38-8AA0
630 kW	6SL3330-6TE41-3AA3	6SL3000-0EE41-4AA0
800 kW	6SL3330-6TE41-7AA3	
进线电压：三相 AC500～690 V		
450 kW	6SL3330-6TG35-5AA3	6SL3000-0EH34-7AA0
710 kW	6SL3330-6TG38-8AA3	6SL3000-0EH37-6AA0
1 000 kW	6SL3330-6TG41-2AA3	6SL3000-0EH41-4AA0
1 400 kW	6SL3330-6TG41-7AA3	

表 8.13　装置型调节型电源模块及电源接口模块规格表

规　格	电源模块订货号	电源接口模块订货号
进线电压：三相 AC380～480 V		
132 kW	6SL3330-7TE32-1AA3	6SL3300-7TE32-6AA0

续表

规　格	电源模块订货号	电源接口模块订货号
160 kW	6SL3330-7TE32-6AA3	6SL3300-7TE32-6AA0
235 kW	6SL3330-7TE33-8AA3	6SL3300-7TE33-8AA0
300 kW	6SL3330-7TE35-0AA3	6SL3300-7TE35-0AA0
380 kW	6SL3330-7TE36-1AA3	6SL3300-7TE38-4AA0
450 kW	6SL3330-7TE37-5AA3	6SL3300-7TE38-4AA0
500 kW	6SL3330-7TE38-4AA3	6SL3300-7TE38-4AA0
630 kW	6SL3330-7TE41-0AA3	6SL3300-7TE41-4AA0
800 kW	6SL3330-7TE41-2AA3	6SL3300-7TE41-4AA0
900 kW	6SL3330-7TE41-4AA3	6SL3300-7TE41-4AA0
进线电压：三相 AC500～690 V		
560 kW	6SL3330-7TG35-8AA3	6SL3300-7TG35-8AA0
800 kW	6SL3330-7TG37-4AA3	6SL3300-7TG37-4AA0
1 100 kW	6SL3330-7TG41-0AA3	6SL3300-7TG41-3AA0
1 400 kW	6SL3330-7TG41-3AA3	

2. 电动机模块

装置型电动机模块只有单轴电动机模块，其规格如表 8.14 所示。

表 8.14　装置型单轴电动机模块规格表

额定输出电流	额定输出功率	单轴电动机模块订货号
直流母线电压：DC510～720 V		
210 A	110 kW	6SL3320-1TE32-1AA3
260 A	132 kW	6SL3320-1TE32-6AA3
310 A	160 kW	6SL3320-1TE33-1AA3
380 A	200 kW	6SL3320-1TE33-8AA3
490 A	250 kW	6SL3320-1TE35-0AA3
605 A	315 kW	6SL3320-1TE36-1AA3
745 A	400 kW	6SL3320-1TE37-5AA3
840 A	450 kW	6SL3320-1TE38-4AA3
985 A	560 kW	6SL3320-1TE41-0AA3
1 260 A	710 kW	6SL3320-1TE41-2AA3
1 405 A	800 kW	6SL3320-1TE41-4AA3
直流母线电压：DC675～1 035 V		
85 A	75 kW	6SL3320-1TG28-5AA3
100 A	90 kW	6SL3320-1TG31-0AA3
120 A	110 kW	6SL3320-1TG31-2AA3

续表

额定输出电流	额定输出功率	单轴电动机模块订货号
150 A	132 kW	6SL3320-1TG31-5AA3
175 A	160 kW	6SL3320-1TG31-8AA3
215 A	200 kW	6SL3320-1TG32-2AA3
260 A	250 kW	6SL3320-1TG32-6AA3
330 A	315 kW	6SL3320-1TG33-3AA3
410 A	400 kW	6SL3320-1TG34-1AA3
465 A	450 kW	6SL3320-1TG34-7AA3
575 A	560 kW	6SL3320-1TG35-8AA3
735 A	710 kW	6SL3320-1TG37-4AA3
810 A	800 kW	6SL3320-1TG38-1AA3
910 A	900 kW	6SL3320-1TG38-8AA3
1 025 A	1 000 kW	6SL3320-1TG41-0AA3
1 270 A	1 200 kW	6SL3320-1TG41-3AA3

8.2.4　紧凑书本型伺服驱动系统

紧凑书本型伺服驱动系统适用于对驱动的紧凑性有极高要求的机床。紧凑书本型伺服驱动系统具有书本型伺服驱动系统的所有优点并且总体高度更低，在能够提供相同性能的同时具有更强的过载能力。因此，紧凑书本型单元特别适合集成到动态要求高但安装条件受限的机床中。紧凑书本型伺服驱动系统实物如图 8.15 所示。

1. 电源模块

紧凑书本型只有一种非调节型电源模块 SLM。非调节型电源模块功率为 16 kW，订货号为 6SL3430-6TE21-6AA1。

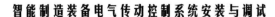

图 8.15　紧凑书本型伺服驱动系统实物

2. 电动机模块

紧凑书本型的电动机模块有单轴电动机模块和双轴电动机模块。紧凑书本型单轴电动机模块规格表如表 8.15 所示，紧凑书本型双轴电动机模块规格表如表 8.16 所示。

表 8.15　紧凑书本型单轴电动机模块规格表

额定输出电流	额定输出功率	紧凑书本型单轴电动机模块订货号
直流母线电压：DC510～720 V		
3 A	1.6 kW	6SL3420-1TE13-0AA1
5 A	2.7 kW	6SL3420-1TE15-0AA1
9 A	4.8 kW	6SL3420-1TE21-0AA1
18 A	9.7 kW	6SL3420-1TE21-8AA1

表 8.16　紧凑书本型双轴电动机模块规格表

额定输出电流	额定输出功率	紧凑书本型双轴电动机模块订货号
直流母线电压：DC510～720 V		
2×1.7 A	2×0.9 kW	6SL3420-2TE11-7AA1
2×3 A	2×1.6 kW	6SL3420-2TE13-0AA1
2×5 A	2×2.7 kW	6SL3420-2TE15-0AA1

典型案例 8　用西门子 840DSL 数控系统与 SINAMICS S120 实现伺服控制

数控机床需要控制一个主轴和四个进给轴 X、Y、Z、A 轴，配置 840DSL 数控系统与 SINAMICS S120，该伺服系统包括一个非调节型电源模块、一个单电动机模块和两个双电动机模块。SINAMICS S120 应用实例如图 8.16 所示。

图 8.16　SINAMICS S120 应用实例

8.3　SINAMICS S120 Combi 伺服驱动产品

SINAMICS S120 Combi 伺服驱动产品在数控机床上一般可与 SINUMERIK 840Dsl BASIC、SINUMERIK 828D BASIC、SINUMERIK 828D、SINUMERIK 828D ADVANCED 等数控系统配合使用，是主轴功率 15 kW 以下、5 轴以下的紧凑型标准机床的最佳选择。它包括电源滤波器、电源电抗器、功率模块等。

8.3.1　电源滤波器

电源滤波器可将电缆传导的干扰放射降低到 EMC 法规规定的频率范围内，其订货号为 6SL3000-0BE21-6DA□，额定电源功率有 10 kW、16 kW、20 kW 3 种。电源滤波器为选件，可根据实际需要选配。

8.3.2　电源电抗器

电源电抗器如图 8.17 所示，它的作用在于将低频电网谐波降低到允许范围内。在 S120 Combi 伺服驱动产品中，必须配置电源电抗器。电源电抗器规格表如表 8.17 所示。

表 8.17　电源电抗器规格表

额定输出电流/A	额定输出功率/kW	电源电抗器订货号
28	16	6SL3100-0EE21-6AA0
33	20	6SL3100-0EE22-0AA0

10 kW 的功率模块 6SL3111-4VE21-0EA0 必须和电源电抗器 6SL3100-0EE21-6AA0 组合使用。

图 8.17　电源电抗器

8.3.3　S120 Combi 功率模块

S120 Combi 功率模块集成了整流单元、用于 3 轴或 4 轴的电动机模块（逆变器）和一个主轴 TTL 编码器的信号转换模块。图 8.18 所示为 S120 Combi 4 轴型功率模块。S120 Combi 功率模块规格表如表 8.18 所示。

表 8.18　S120 Combi 功率模块规格表

功率/kW	主轴 电动机模块 1	进给轴 1 电动机模块 2	进给轴 1 电动机模块 3	进给轴 1 电动机模块 4	订 货 号
3 轴型					
16	18	5	5		6SL3111-3VE21-6FA0
16	24	9	9		6SL3111-3VE21-6EA0
20	30	9	9		6SL3111-3VE22-0HA0

续表

功率/kW	主轴电动机模块 1	进给轴 1电动机模块 2	进给轴 1电动机模块 3	进给轴 1电动机模块 4	订　货　号
4 轴型					
10	24	12	12	12	6SL3111-4VE21-0EA0
16	18	9	5	5	6SL3111-4VE21-6FA0
16	24	9	9	9	6SL3111-4VE21-6EA0
20	30	12	9	9	6SL3111-4VE22-0HA0

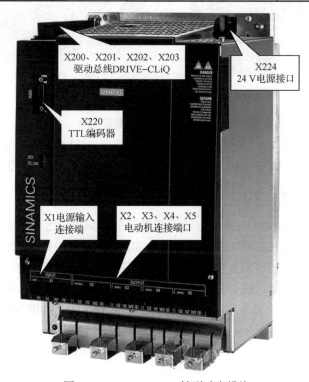

图 8.18　S120 Combi 4 轴型功率模块

在一个 S120 Combi 功率模块上，通过 SINAMICS S120 系列的紧凑书本型电动机模块可以扩展一根轴或两根轴，即可以扩展两个单轴电动机模块或一个双轴电动机模块。

8.4　西门子其他伺服驱动系统

8.4.1　SINAMICS V60

SINAMICS V60 与提供脉冲/方向信号的数控系统配合，如 SINUMERIK 801、SINUMERIK 802S base line、SINUMERIK 808D 等数控系统，为经济型车床及铣床提供完整的解决方案，主要适用于注重经济性的简单应用场合。SINAMICS V60 伺服产品实物包含 CPM60.1 驱动模块和 1FL5 交流伺服电动机，如图 8.19 所示。

图 8.19　SINAMICS V60 伺服产品实物

CPM60.1 驱动模块为紧凑型单轴设备，额定电流有 4 A、6 A、7 A、10 A 4 种规格，有 200%的过载能力，只能与 1FL5 交流伺服电动机配套使用；1FL5 交流伺服电动机的额定扭矩有 4 N·m、6 N·m、7.7 N·m、10 N·m 4 种规格，额定转速为 2 000 r/min，配备 2 500 线 TTL 编码器。

8.4.2　SINAMICS V70

SINAMICS V70 由 SINAMICS V70 伺服驱动器和 SIMOTICS S-1FL6 伺服电动机构成，通过驱动总线与西门子数控系统 SINUMERIK 808D ADVANCED 配套使用。SINAMICS V70 伺服驱动器和 SIMOTICS S-1FL6 伺服电动机用于进给驱动。SINAMICS V70 伺服驱动器和 SIMOTICS S-1FL6 伺服电动机如图 8.20 所示。SINAMICS V70 主轴驱动器和 SIMOTICS M-1PH1 主轴电动机用于主轴驱动。SINAMICS V70 主轴驱动器和 SIMOTICS M-1PH1 主轴电动机如图 8.21 所示。

图 8.20　SINAMICS V70 伺服驱动器和 SIMOTICS S-1FL6 伺服电动机

图 8.21　SINAMICS V70 主轴驱动器和 SIMOTICS M-1PH1 主轴电动机

8.4.3 SINAMICS V90

SINAMICS V90 与 SIMOTICS S-1FL6 配套使用，组成的伺服驱动系统可实现位置控制、速度控制和扭矩控制。SINAMICS V90 功率范围为 0.4 kW～7 kW，输入电压范围为三相 AC 380～480 V，可以与脉冲控制接口或模拟伺服接口的数控系统配套使用。SINAMICS V90 伺服产品实例如图 8.22 所示。

图 8.22 SINAMICS V90 伺服产品实例

思考与练习题 8

扫一扫看思考与练习题 8 参考答案

1. 表 8.19 列出了现有的西门子数控系统，将各数控系统可以配套使用的伺服驱动系统填入表 8.19 中。

表 8.19 西门子数控系统与伺服驱动系统配置表

数 控 系 统	伺服驱动系统
SINUMERIK 801	
SINUMERIK 802S base line	
SINUMERIK 802C base line	
SINUMERIK 802D	
SINUMERIK 802D base line	
SINUMERIK 802D Solution line	
SINUMERIK 810D	

续表

数 控 系 统	伺服驱动系统
SINUMERIK 840D	
SINUMERIK 808D	
SINUMERIK 808D ADVANCED	
SINUMERIK 828D BASIC	
SINUMERIK 828D	
SINUMERIK 828D ADVANCED	
SINUMERIK 840Dsl BASIC	
SINUMERIK 840Dsl	

2．西门子 SIMODRIVE 611 系列伺服产品有哪些部件？

3．西门子 SIMODRIVE 611 系列伺服产品有哪两种电源模块？它们有什么区别？

4．西门子 SINAMICS S120 系列伺服产品有哪些类型？

5．西门子 SINAMICS S120 系列的书本型伺服产品有哪几种电源模块？

6．西门子 SINAMICS S120 Combi 伺服产品的功率模块有哪两种类型？

实训任务9　认识西门子专用伺服驱动产品

1. 实训目的

（1）了解西门子 SIMODRIVE 611D 专用伺服驱动产品的硬件组成。

（2）了解西门子 SINAMICS S120 专用伺服驱动产品的硬件组成。

（3）了解西门子 SINAMICS S120 Combi 伺服驱动产品的硬件组成。

（4）了解西门子专用伺服与数控系统的配套使用情况。

2. 任务说明

认识现场西门子的伺服驱动产品，记录各产品的订货号及性能参数。

3. 认识 SIMODRIVE 611D 伺服驱动系统

认识现场 SIMODRIVE 611D 伺服驱动系统产品的各硬件组成部件，将各部件的订货号及主要技术参数填入表 8.20 中。

表 8.20　SIMODRIVE 611D 伺服驱动系统各部件订货号及主要技术参数

序号	名　　称	订　货　号	主要技术参数
1	电源滤波器		
2	电抗器		
3	电源模块		
4	主轴功率模块		
5	主轴控制卡		
6	主轴伺服电动机		
7	主轴动力电缆		
8	主轴反馈信号电缆		

序号	名　称	订　货　号	主要技术参数
9	X 轴功率模块		
10	X 轴控制卡		
11	X 轴伺服电动机		
12	X 轴动力电缆		
13	X 轴反馈信号电缆		
14	Y 轴功率模块		
15	Y 轴控制卡		
16	Y 轴伺服电动机		
17	Y 轴动力电缆		
18	Y 轴反馈信号电缆		
19	Z 轴功率模块		
20	Z 轴控制卡		
21	Z 轴伺服电动机		

续表

序号	名　称	订　货　号	主要技术参数
22	Z 轴动力电缆		
23	Z 轴反馈信号电缆		

4. 认识 SINAMICS S120 伺服驱动系统

认识现场 SINAMICS S120 伺服驱动系统各硬件组成部件，将各部件的订货号及主要技术参数填入表 8.21 中。

表 8.21　SINAMICS S120 伺服驱动系统各部件订货号及主要技术参数

序号	名　称	订　货　号	主要技术参数
1	电源滤波器		
2	电抗器		
3	电源模块		
4	主轴电动机模块		
5	主轴电动机		
6	X 轴电动机模块		
7	X 轴伺服电动机		
8	X 轴动力电缆		
9	X 轴反馈信号电缆		

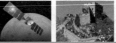

序号	名　称	订　货　号	主要技术参数
10	Y 轴电动机模块		
11	Y 轴伺服电动机		
12	Y 轴动力电缆		
13	Y 轴反馈信号电缆		
14	Z 轴电动机模块		
15	Z 轴伺服电动机		
16	Z 轴动力电缆		
17	Z 轴反馈信号电缆		

项目 **9**

发那科专用伺服驱动

系统认识

学习任务	1. 学习发那科 αi 系列伺服产品及其在数控机床的应用情况; 2. 学习发那科 βi 系列伺服产品及其在数控机床的应用情况
学前准备	1. 查阅资料,了解发那科有哪些伺服产品; 2. 查阅资料,了解发那科各伺服产品的应用
学习目标	1. 了解目前发那科有哪些伺服产品; 2. 了解发那科 αi 系列伺服驱动产品的各种组成模块; 3. 了解发那科 βi 系列伺服驱动产品的各种组成模块

　　发那科(FANUC)伺服系统是发那科数控系统厂家的专用伺服系统,发那科伺服驱动产品有 αi 系列和 βi 系列两种。发那科数控系统的信号分三路传输:一路信号是发那科串行伺服总线——FSSB(Fanuc Serial Servo Bus)总线,它将数控系统与伺服放大器连接起来,控制机床的进给运动;一路信号是主轴串行总线,它传送主轴的有关信号,控制主轴驱动;另一路是 I/O link 总线,它控制 PLC,完成有关机床的开关信号处理。图 9.1 所示为发那科数控系统连接示意图。

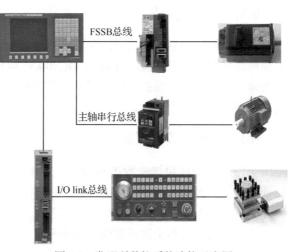

图 9.1　发那科数控系统连接示意图

9.1 αi 系列伺服驱动产品

αi 系列伺服驱动产品是发那科数控系统的高性能伺服驱动产品，它包括伺服放大器、伺服主轴电动机和伺服电动机，如图 9.2 所示。αi 系列伺服放大器采用模块化的结构形式，由电源模块（Power Supply Module，PSM）、主轴放大器模块（Spindle amplifier Module，SPM）、伺服放大器模块（Servo amplifier Module，SVM）3 部分组成。

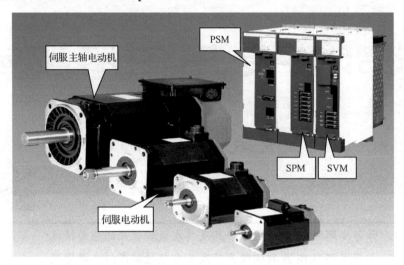

图 9.2　αi 系列伺服驱动产品

αi 系列伺服驱动产品具有以下特点。

（1）采用光纤总线技术，线路简单，抗干扰能力强。

（2）配备高分辨率的编码器，编码器的线数最高可以达到 1 600 万线/转。

（3）实现高速、高精度的伺服控制。

（4）结构紧凑，安装方便。

9.1.1　电源模块

电源模块是为主轴和伺服放大器提供逆变直流电源的模块。三相 200 V 的交流电源，经电源模块处理后，向直流母线输送 DC300 V 电压供主轴和伺服放大器使用。另外电源模块中有输入保护电路，保护电路通过外部急停信号 ESP 或内部继电器 MCC 控制主电源的输入，起到输入保护的作用。

9.1.2　主轴放大器模块

主轴放大器模块接收数控系统发出的串行主轴指令，该指令格式是发那科公司主轴产品通信协议，所以又被称为发那科数字主轴，与其他公司产品没有兼容性。该主轴放大器经过变频调速控制向发那科主轴电动机输出动力电源。该放大器 JY2 和 JY4 接口分别接收主轴速度反馈信号和主轴位置编码器信号。

9.1.3　伺服放大器模块

伺服放大器模块接收数控系统通过 FSSB 总线传送的轴控制指令，驱动伺服电动机按照指令运转，同时 JFn 接口接收伺服电动机编码器反馈信号，并将位置信息通过 FSSB 总线转输到数控系统中。

αi 系列伺服驱动产品如图 9.2 所示。αi-B 系列伺服驱动产品是发那科 αi 系列的最新产品，αi-B 系列电源模块及主轴放大器如图 9.3 所示。

9.1.4　αi 系列交流伺服电动机

αi 系列交流伺服电动机采用稀土金属和铁氧体两种磁性材料，其中 αiS 系列的交流伺服电动机采用最新的稀土磁性材料钕-铁-硼，而 αiF 系列的交流伺服电动机采用铁氧体磁性材料，其成本较 αiS 系列采用的钕-铁-硼稀土磁性材料成本低些。两种 αi 系列的交流伺服电动机均为高性能的交流同步电动机。由于所用材料的不同，造成价格与性能的差异。

9.2　βi 系列伺服驱动产品

（a）电源模块　　　（b）主轴放大器

图 9.3　αi-B 系列电源模块及主轴放大器

βi 系列伺服驱动产品是发那科公司生产的经济型伺服驱动产品，它包括多伺服轴/主轴一体型伺服放大器 βiSVSP、独立型伺服放大器 βiSV（FSSB 接口）、独立型伺服放大器 βiSV（I/O link 接口）、βi 主轴电动机和伺服电动机。βi 系列伺服驱动产品如图 9.4 所示。

βi 系列伺服驱动产品具有以下特点。

（1）采用光纤总线技术，线路简单，抗干扰能力强。

（2）配备高分辨率的编码器，编码器的线数最高可以达到 128 000 线/转。

（3）实现高速、高精度的伺服控制。

（4）结构紧凑，安装方便。

（5）价格相对 αi 系列便宜。

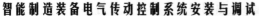

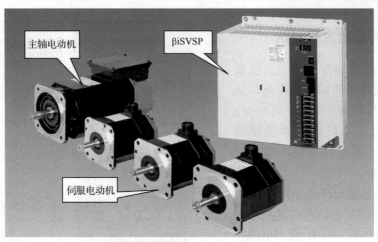

图 9.4 βi 系列伺服驱动产品

9.2.1 多伺服轴/主轴一体型伺服放大器 βiSVSP

多伺服轴/主轴一体型伺服放大器 βiSVSP 可以控制三个进给轴和一个主轴。βi 系列伺服没有独立的电源模块和主轴驱动模块，因此三相交流 200 V 的电源直接输入伺服放大器，如果主轴使用伺服主轴，只能选择 βiSVSP 模块。

βiSVSP-B 系列是最新的一体型伺服放大器，其实物如图 9.5 所示。

9.2.2 独立型伺服放大器 βiSV（FSSB 接口）

独立型伺服放大器 βiSV（FSSB 接口）连接在 FSSB 总线上，接收通过光纤总线从数控系统传送来的信号，用作进给轴的控制。此时主轴的驱动往往使用第三方生产的变频器控制，具体的接线可参考相应的技术手册。独立型伺服放大器 βiSV（FSSB 接口）实物如图 9.6 所示。βiSV-B 系列是最新产品，有单轴伺服放大器和双轴伺服放大器两种。βiSV20-B 单轴伺服放大器实物如图 9.7 所示，βiSV20/20-B 双轴伺服放大器实物如图 9.8 所示。从图 9.7 中可以看出单轴伺服放大器新产品与原来的产品在外形和接口布置上几乎没有差别。

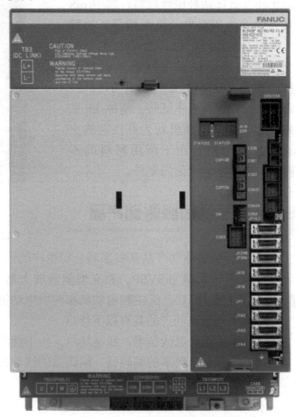

图 9.5 βiSVSP-B 系列伺服放大器实物

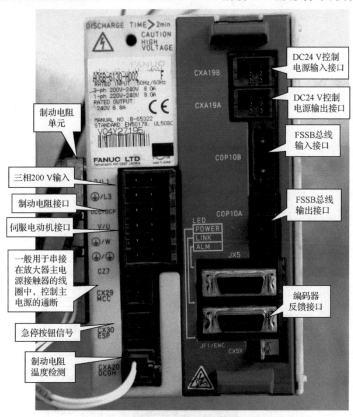

制动电阻
单元

三相200 V输入

制动电阻接口

伺服电动机接口

一般用于串接
在放大器主电
源接触器的线
圈中，控制主
电源的通断

急停按钮信号

制动电阻
温度检测

DC24 V控制
电源输入接口

DC24 V控制
电源输出接口

FSSB总线
输入接口

FSSB总线
输出接口

编码器
反馈接口

图 9.6　独立型伺服放大器 βiSV（FSSB 接口）实物

图 9.7　βiSV 20-B 单轴伺服放大器实物

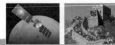

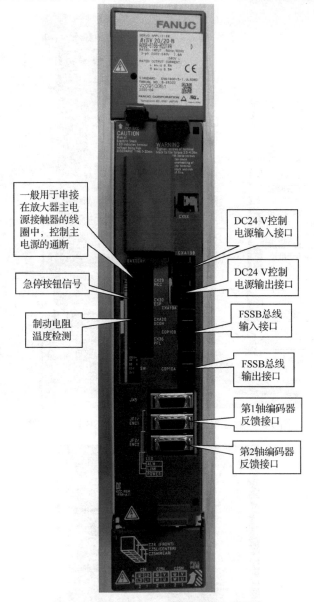

图 9.8   βiSV20/20-B 双轴伺服放大器实物

9.2.3   独立型伺服放大器 βiSV（I/O link 接口）

独立型伺服放大器 βiSV（I/O link 接口）连接在 I/O link 总线上，由 PMC 控制，可以用作 I/O link 轴使用，不能进行插补控制，一般控制加工中心刀库的定位、上下料机械手等。独立型伺服放大器 βiSV（I/O link 接口）实物如图 9.9 所示。

9.2.4   βi 系列交流伺服电动机

1. βiI 主轴电动机

βiI 主轴电动机内装有 Mi 系列或 MZi/BZi/CZi 系列速度传感器。Mi 系列速度传感器不

带电动机一转信号，若要实现主轴准停功能，则需要外装一个接近开关检测主轴一转信号；MZi/BZi/CZi 系列速度传感器自带电动机一转信号，若要主轴实现准停功能，则使用 MZi/BZi/CZi 速度传感器，不需要外接接近开关。

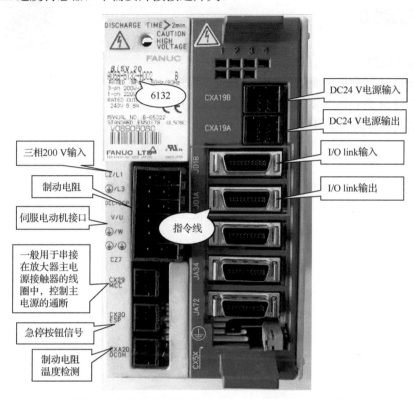

图 9.9　独立型伺服放大器 βiSV（I/O link 接口）实物

βiI 主轴电动机采用变频调速，当电动机速度改变时，要求电动机散热条件不变，因此 βiI 主轴电动机自带独立的风扇电动机，风扇电动机单独供电。

2. βiS 系列交流伺服电动机

βiS 系列交流伺服电动机属于经济型电动机，采用经济型的稀土磁性材料，与高性能的 αi 系列交流伺服电动机相比，在价格和性能方面有较大差异，主要配置在发那科 Mate 系列的数控系统中，并且伺服电动机的额定扭矩一般不超过 22 N·m。βi 系列交流伺服电动机及驱动适用于 PMC 轴的控制，PMC 轴一般用作刀库、齿牙盘转台、机械手的定位控制。

图 9.10 所示为 βiS 系列交流伺服电动机铭牌实例，其中"βiS 4/4000"表示电动机型号为 βiS 4，最高转速为 4 000 r/min，

图 9.10　βiS 系列交流伺服电动机铭牌实例

"A06B-0063-B103"表示电动机的订货号,"STALL TRQ 3.5 Nm"表示电动机的堵转转矩为3.5 N·m。

思考与练习题 9

扫一扫看思考与练习题9参考答案

1. 发那科数控系统信号连接有什么特点?
2. 发那科 αi 系列伺服驱动系统由哪些部件组成?
3. 发那科 βi 系列伺服驱动系统由哪些部件组成?
4. βi 系列伺服放大器有哪几种?它们各用在什么场合?

实训任务 10　认识发那科专用伺服驱动产品

1. 实训目的

（1）了解发那科 αi 系列伺服驱动产品的硬件组成。

（2）了解发那科 βi 系列伺服驱动产品的硬件组成。

（3）了解发那科专用伺服驱动产品的应用。

2. 任务说明

认识现场发那科的伺服驱动产品，记录各产品的订货号及性能参数，填入表 9.1 中，并绘制伺服驱动拓扑连接图。

3. 认识发那科伺服驱动产品

记录现场发那科伺服驱动产品的订货号、主要技术参数，填入表 9.1 中。

表 9.1　发那科伺服驱动产品订货号及主要技术参数

序号	名　称	订 货 号	主要技术参数
αi 系列伺服驱动产品			
1	伺服变压器		
2	电源模块		
3	主轴放大器模块		
4	主轴电动机		
5	X 轴驱动模块		
6	X 轴伺服电动机		
7	Y 轴驱动模块		
8	Y 轴伺服电动机		
9	Z 轴驱动模块		
10	Z 轴伺服电动机		
βi 系列伺服驱动产品（一体型）			
1	伺服变压器		
2	βiSVSP		
3	主轴电动机		
4	X 轴电动机		
5	Y 轴电动机		
6	Z 轴电动机		
βi 系列伺服驱动产品（独立型）			
1	伺服变压器		
2	第三方主轴驱动器		

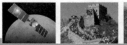

续表

序号	名　称	订　货　号	主要技术参数
3	主轴电动机		
4	X轴驱动器		
5	X轴电动机		
6	Y轴驱动器		
7	Y轴电动机		
8	Z轴驱动器		
9	Z轴电动机		

4. 绘制伺服驱动拓扑连接图

项目 **10**

数控机床电气传动
新技术的应用

学习任务	1. 学习了解直线电动机的结构、工作原理及其在数控机床上的应用； 2. 学习了解数控机床电气传动有哪些新技术
学前准备	1. 查阅资料，了解目前数控机床电气传动有哪些新技术； 2. 查阅资料，了解直线电动机在数控机床上的应用
学习目标	1. 了解直线电动机的结构； 2. 了解直线电动机的工作原理； 3. 了解直线电动机在数控机床上的应用； 4. 了解数控机床电气传动有哪些新技术

目前，随着技术的发展，一些新的驱动技术逐渐应用到数控机床的电气传动上，如电主轴、直线电动机、电滚珠丝杠、电磁伸缩杆等。

 扫一扫看
项目 10
教学课件

10.1 直线电动机

数控机床的刀具和工作台等被控对象的基本运动路径是直线形式，传统的数控机床采用"旋转电动机+滚珠丝杠"的传动形式，将电动机的旋转运动借助机械的中间环节转换成最终的直线运动。这样的传动形式存在以下的问题。

（1）中间环节使传动系统的刚度降低，尤其细长的滚珠丝杠是刚度的薄弱环节，启动和制动初期的能量都消耗在克服中间环节的弹性变形上，弹性变形也是数控机床产生机械谐振的根源。

（2）中间环节增大了运动的惯量，使系统的速度、位移响应变慢。

（3）机械传动不可避免地存在间隙死区和摩擦，使系统的非线性因素增加，增大了进一步提高系统精度的难度。

采用直线电动机驱动可以取消电动机和工作台之间的机械环节，把机床进给传动链的长度缩短为零，实现"零传动"。"零传动"具有优越的加、减速特性，使运动系统的响应速度、稳定性、精度得以提高。

10.1.1 直线电动机的结构

直线电动机可以看成是由旋转电动机演变而来的，旋转电动机到直线电动机的演变如图 10.1 所示，将旋转电动机的定子和转子按圆柱面展开而成平面，就得到直线电动机，由定子演变而来的一侧称为初级，由转子演变而来的一侧称为次级。原则上各种形式的旋转电动机，如感应电动机、直流电动机、同步电动机、步进电动机等均可演变成相应的直线电动机。

扫一扫下载旋转电动机到直线电动机的演变 CAD 原图

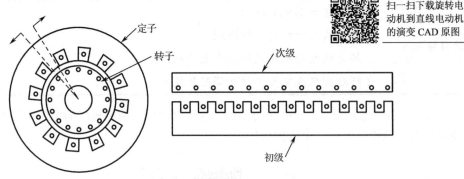

图 10.1　旋转电动机到直线电动机的演变

初级与次级长度不能相等，由于在运行时初级和次级之间要做相对运动，若运动开始时，初级与次级正好对齐，则在运动中初级与次级间相互耦合部分越来越少，电动机就不能正常工作。为了在运动中始终保持初级与次级的耦合，初级与次级中的一个必须做得较长。可以是初级长、次级短，也可以是初级短、次级长，前者称为短次级，后者称为短初级。短初级和短次级的单边型直线电动机如图 10.2 所示。由于短初级在制造成本和运行费用上均比短次级低，因此除特殊情况外，一般均采用短初级。

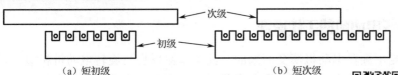

（a）短初级　　　　　　（b）短次级

图 10.2　短初级和短次级的单边型直线电动机

扫一扫下载短初级和短次级的单边型直线电动机 CAD 原图

图 10.2 中直线电动机仅在次级的一侧有初级，这样的结构形式的直线电动机称为单边型直线电动机。单边型直线电动机除了产生切向力，还会在初、次级之间产生较大的法向力，这对电动机的运行是不利的。为了充分利用次级和消除法向力，在次级的两侧都装上初级，这种结构称为双边型。双边型直线电动机如图 10.3 所示。

图 10.4 所示为西门子 1FN6 直线电动机。

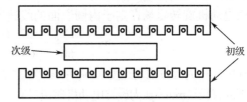

图 10.3　双边型直线电动机

扫一扫下载双边型直线电动机 CAD 原图

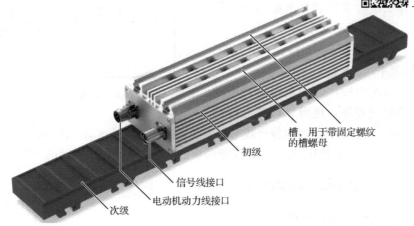

槽，用于带固定螺纹的槽螺母

初级

信号线接口

电动机动力线接口

次级

图 10.4　西门子 1FN6 直线电动机

10.1.2　直线电动机的分类

按照结构的不同，直线电动机可分为扁平型直线电动机和圆筒型直线电动机。图 10.2、图 10.3、图 10.4 所示均为扁平型直线电动机，把扁平型直线电动机按图 10.5 所示的方向卷曲，就形成了圆筒型直线电动机。

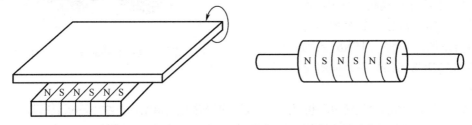

图 10.5　扁平型直线电动机到圆筒型直线电动机的演变

10.1.3　直线电动机的工作原理

直线电动机是由旋转电动机演变而来的，其工作原理也与旋转电动机相似。以直线感应电动机为例，当初级的多相绕组中通入多相对称电流后，也会产生一个气隙磁场，直线感应电动机的工作原理如图 10.6 所示。当多相电流随着时间变化时，气隙磁场将按 A、B、C 相序沿直线运动，该磁场是直线移动的，故称为行波磁场。行波磁场的移动速度与旋转感应电动机旋转磁场在定子内圆表面的线速度是一样的。该速度为

$$v_0 = \frac{\pi D n_0}{60} = \frac{\pi D}{60} \cdot \frac{60f}{p} = \frac{2\pi Df}{2p} = 2 \cdot \frac{\pi D}{2p} \cdot f = 2f\tau \qquad (10\text{-}1)$$

式中，v_0 为行波磁场速度（m/s）；n_0 为旋转电动机的同步转速（r/min）；D 为旋转电动机定子内圆周直径（m）；p 为旋转电动机磁极对数；τ 为直线电动机极距（m）；f 为电源频率（Hz）。

在行波磁场的切割下，次级中的导条产生感应电动势和电流，导条中的电流和气隙磁场相互作用，产生切向电磁力。如果初级固定不动，那么次级就沿着行波磁场行进的方向做直线运动。其运动速度为

$$v = v_0(1-s) = 2f\tau(1-s) \qquad (10\text{-}2)$$

式中，s 为转差率。

与旋转电动机一样，改变直线感应电动机初级绕组的通电相序，便可以改变直线感

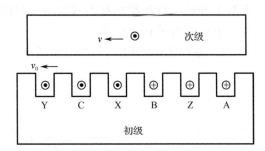

图 10.6　直线感应电动机的工作原理

应电动机运动的方向，这样就可以使直线感应电动机做往复直线运动。在实际应用中，我们也可以将次级固定不动，而让初级运动。通常把静止的一方称为定子，运动的一方称为动子。

10.1.4　直线电动机的应用案例

扫一扫下载直线感应电动机的工作原理 CAD 原图

直线电动机是当前超精密机床最具代表性的技术之一，主要应用在数控机床的直线运动轴。图 10.7所示为直线电动机驱动的 X-Y 工作台实例，图 10.8 所示为直线电动机在数控机床上的典型安装实例。

西门子公司推出了 1FN1～1FN6 系列的直线电动机，1FN1 系列配置 SIMODRIVE 611 系列的伺服驱动器系统，1FN3、1FN6 系列配置 SINAMICS S120 系列伺服驱动系统。

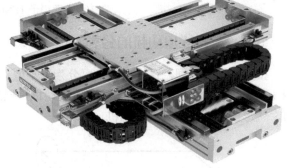

图 10.7　直线电动机驱动的 X-Y 工作台实例

与数控机床传统的"旋转电动机+滚珠丝杠"的传动方式相比，直线电动机具有以下优点。

（1）由于不需要中间传动机构，因此直线电动机整个系统得到简化，精度提高，振动和噪声减小。

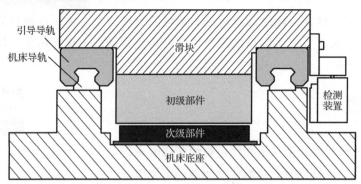

图 10.8　直线电动机在数控机床上的典型安装实例

（2）由于不存在中间传动机构的惯量和阻力矩的影响，因此直线电动机加速和减速的时间短，可实现快速启动和正反向运行。在部件质量不大的情况下，可实现 5g 以上的加速度。

（3）普通旋转电动机受到离心力的作用，其圆周速度有所限制，而直线电动机运行时，其部件不受离心力的影响，因此它的直线速度不受限制。

（4）由于散热面积大，容易冷却，直线电动机可以承受较高的电磁负荷，容量定额较高。

（5）由于直线电动机结构简单，且它的初级铁芯在嵌线后可以用环氧树脂密封成一个整体，因此直线电动机可以在一些特殊场合中应用，如潮湿的环境甚至水中。

但直线电动机效率低，功率损耗大，易导致其大量发热，机床热变形，因此直线电动机必须采用循环强制冷却及隔热措施。

10.2　其他新技术

10.2.1　电主轴

电主轴是将机床主轴与主轴电动机融为一体的新技术。机床主轴由内装式电动机直接驱动，主传动系统取消了带轮传动和齿轮传动，从而把机床主传动链的长度缩短为零，实现了机床的"零传动"。电动机的转子直接作为机床的主轴，主轴单元的壳体就是电动机机座，并配合其他零部件，实现电动机与机床主轴的一体化，电主轴如图 10.9 所示。

图 10.9　电主轴

10.2.2　电滚珠丝杠

电滚珠丝杠是伺服电动机的转子与滚珠螺母连接成一体的功能部件。当电动机转子转动时，滚珠螺母随之转动，电滚珠丝杠沿电动机的轴线伸缩。电滚珠丝杠简化了伺服电动机与滚珠丝杠的连接，省去了同步齿形带传动或齿轮传动，不仅使机床结构更紧凑，还可提高传动的动态性能。

思考与练习题 10

扫一扫看思考与练习题 10 参考答案

1. 直线电动机与旋转电动机相比，有哪些优缺点？
2. 查阅资料，了解直线电动机在哪些领域中应用。

参考文献

[1] 王爱玲. 现代数控机床伺服及检测技术[M]. 4 版. 北京：国防工业出版社，2016.

[2] 钱平. 伺服系统[M]. 北京：机械工业出版社，2010.

[3] 胡国清，张旭宇. 西门子 SINUMERIK 840Dsl/840Disl 数控系统应用工程师手册[M]. 北京：国防工业出版社，2013.

[4] 陈先锋，何亚飞，朱弘峰. SIEMENS 数控技术应用工程师——SINUMERIK 840D810D 数控系统功能应用与维修调整教程[M]. 北京：人民邮电出版社，2010.

[5] 李宏胜，朱强，曹锦江. FANUC 数控系统维护与维修[M]. 北京：高等教育出版社，2011.

[6] 黄文广，邵泽强，韩亚兰. FANUC 数控系统连接与调试[M]. 北京：高等教育出版社，2011.

反侵权盗版声明

电子工业出版社依法对本作品享有专有出版权。任何未经权利人书面许可，复制、销售或通过信息网络传播本作品的行为，歪曲、篡改、剽窃本作品的行为，均违反《中华人民共和国著作权法》，其行为人应承担相应的民事责任和行政责任，构成犯罪的，将被依法追究刑事责任。

为了维护市场秩序，保护权利人的合法权益，我社将依法查处和打击侵权盗版的单位和个人。欢迎社会各界人士积极举报侵权盗版行为，本社将奖励举报有功人员，并保证举报人的信息不被泄露。

举报电话：（010）88254396；（010）88258888

传　　真：（010）88254397

E-mail：　dbqq@phei.com.cn

通信地址：北京市海淀区万寿路 173 信箱

　　　　　电子工业出版社总编办公室

邮　　编：100036